과학에 둘러싸인 하루

과학에
둘러싸인
하루

●● **김형자** 지음 | **오영** 그림

살림Friends

칼날 같은 추위가 전국을 뒤덮은 1월의 어느 오후였다. 영하 12℃ 까지 내려간 날씨의 정류장에서 버스를 기다리며 온몸으로 맞는 바람은 그야말로 살벌했다. 버스가 오는 방향으로 얼굴을 쭉 내밀고 언제 올지 모르는 버스를 기다리다가, 나는 깜짝 놀랐다. "○○번 버스가 전 정류소를 출발했습니다." 정류장에 설치된 음성 단말기를 통해 버스 도착 정보를 알려 주고 있었기 때문이다.

1990년대 초만 해도 상상할 수 없는 일이었다. 버스가 15분 후에 오든 30분이 지나서 오든 마냥 기다릴 수밖에 없었다. 버스가 언제 도착하는지 알면 이렇게 추운 날에는 잠깐 따뜻한 곳에라도 있다가 나올 텐데 말이다. 어떤 버스가 어디에 있고 언제 도착하는지를 알려주는 오늘날의 안내 시스템은 인공위성을 이용한 위치측정시스템(GPS)이 있기에 가능한 것이다.

예전엔 버스를 타면 승객을 반기는 버스안내양이 있었다. 안내양은 승객이 내릴 때 요금을 받고, 손님이 다 하차하면 '오라이!'

라고 출발 신호를 보내는 역할을 했다. 그러나 지금의 버스에는 자동문이 설치되고, 요금을 받는 무선통신 장치인 카드단말기가 생겨 버스안내양은 사람들의 추억 속에나 남아 있게 되었다.

버스안내양이 사라진 것처럼 세월이 흐르면서 가정에도 각종 첨단 기술이 등장해 모든 일을 '알아서' 해 주는 시대가 됐다. 내가 어렸을 때는 지금처럼 보일러로 난방하고 전기밥솥으로 밥하는 시대가 아니었다. 보일러 대신 구들장에 불길을 가득 차게 해서 방 안을 뜨끈뜨끈하게 하고, 그 불에 밥도 하고 물도 데웠다. 당시에는 집안일이 참 많았다. 군불 때기에서부터 방청소, 설거지, 빨래 등은 지금 생각해도 어린 나이에 지금의 주부들보다 더 많은 일을 했다.

요즘은 이런 모든 것들을 냉장고, 세탁기, 전기밥솥, 전자레인지, 청소기, 전기히터 등 소위 '전자가전'이 대신하고 있다. 전자제품에는 컴퓨터의 모든 기능을 한 개의 반도체 칩에 집어넣은 마이컴이 들어 있다. 우리 생활을 둘러보면 마이컴이 자리 잡고 있지 않은 곳이 거의 없다. 하지만 우리는 마이컴이 어디에 이용되고 있는지도 모르는 채 전자제품을 쓰는 경우가 비일비재하다. 또한 제품에 대한 잘못된 지식으로 엉뚱한 결과를 낳는 일도 더러 있다.

나 또한 그랬다. 전자레인지를 사용할 때마다 전자파의 영향을 받을까 두려워 근처에 얼씬도 하지 않다가 작동이 멈추는 '땡' 소리가 들리면 안도의 숨을 쉬고 나왔는가 하면, 전자레인지로 데운 음식은 일체 입을 대지 않았던 웃지 못할 일도 있었다.

이른 아침부터 늦은 밤까지 하루 동안만 집 안팎을 둘러보자. 오만 가지 '전기전자' 제품이 다 걸려든다. 반도체를 사용한 액정화면(LCD), 평판 TV, 태양전지, 광통신, 디지털 위성방송에 이르기까지 우리 곁에 늘상 버젓이 놓여 있으며, 알쏭달쏭하면서도 아리송하고, 알 것 같으면서도 전혀 모르고 지냈던 원리가 그 안에 있다. 이들 원리 보따리를 하나하나 구경하다 보면 지금껏 아무 생각 없이 사용했던 전자제품들이 특별하게 보이고, 지금까지 저장된 두뇌의 지식파일에도 잔잔한 변동이 일어나게 될 것이다.

그러한 원리를 지식으로 채울 수 있도록 기회를 제공해 준 살림출판사에 감사드린다. 또한 이 글을 쓰는 데 학문적 교감을 주고받았던 동료와 선배 교수님들께, 그리고 글을 쓰는 동안 나의 '신경증'을 자신의 일처럼 대범하게 넘겨 주며 열심히 봉사해 준 '아름다운 동행' 회원님들께도 각별히 고마움을 전하고 싶다. 마지막으로 내가 글을 쓰는 것을 가장 자랑스럽게 생각하는 가족에게, 그리고 그런 소중한 가족을 허락해 주신 하나님께 감사드린다.

2008년 1월

김형자

차 례

머리말 5

Morning

Afternoon

Evening

Morning

06:00 a.m. ~ 12:00 p.m.

01

내 손 안의 작은 세상, 전화기

소리를 실어 보내는 전기

- 06:00 a.m.

"안녕하세요, 주인님! 일어날 시간이에요."

휴대전화에 설정해 둔 알람이 울리기 시작한다. 얼마 전에 휴대전화를 새로 바꾼 이후로 알람소리마저 행복하다. 환국은 큰마음을 먹고 요즘 유행하는 DMB폰을 장만했다. 무려 세 달치 용돈에 달하는 돈이 깨졌지만, 그 정도는 투자할 만하다고 느낀다.

환국의 하루는 머리맡에 놓아둔 휴대전화의 감미로운 알람소리와 함께 시작한다. 잔잔한 배경 음악을 깔고 반복적으로 나오는 알람멘트가 잠에서 깨지 않고는 못 견디게 만든다. 어떤 친구는 간격을 두고 여러 번 울리는 알람 때문에 심리적 여유가 생겨 오히려 늦잠을 자게 돼 지각을 한다고 하지만, 환국은 아침을 깨우는 알람소리를 듣는 순간 반사적으로 몸을 일으킨다. 문득 연결된 전화선도 없는 전화기가 어떻게 소리 높여 울려 대며 잠을 깨우는지 궁금해진다. 그뿐인가? 전화의 발명 덕분에 우리는 안방에 앉아서도, 전철 안에서도, 심지어 화장실에서조차도 공간에 제한을 받지 않고 세계 어느 나라의 사람과도 이야기를 나눌 수 있게 되었다. 참으로 신기한 일이다.

어떻게 내 목소리가 상대방에게 전달이 될까?

　전화(telephone)는 그리스어의 '원격(tele)'과 '음성(phone)'을 합친 말로, '먼 거리에 있는 사람과 이야기를 나눈다'는 의미가 담겨 있다. 전화기를 처음 선보인 사람은 미국의 발명가 그레이엄 벨이다. 1876년, 벨은 사람의 음성을 전류로 바꾸어 보내는 데 처음으로 성공하였다. 그는 전류를 약하게 했다 강하게 했다 함으로써 음파를 발생시켰다.

　그러나 사실 벨이 처음 제작한 전화기는 감도가 매우 좋지 않았기 때문에 실생활에는 맞지 않았다. 그 후 토머스 에디슨이 탄소 마이크로폰과 소리를 키우는 변압기를 발명하여 현재 사용하는 전화기의 원형을 완성한다.

　벨이 전화를 발명한 이후 100여 년 동안, 사람들은 정해진 곳에서 전화를 사용해야 했다. 두 전화기 사이의 전기 신호가 전화선을 매개로 흘러야만 했고, 그래서 전화선이 없이는 통화할 수 없었기 때문이다.

　전기는 지구상의 어느 곳이든지 한순간에 도달할 수 있다. 이러한 성질을 이용하여 소리를 전하는 것이 바로 전화이다. 목소리를 전류로 바꾸어 멀리 보내고, 그 전류를 다시 목소리로 되살려 주는 것이다.

알렉산더 그레이엄 벨(Alexander Graham Bell, 1847.3.3~1922.8.2) 미국의 발명가. 자석식 전화기의 특허를 받아 1877년 벨전화회사를 설립하였으며, 이후 이 발명으로 받은 볼타상을 기금화하여 볼타연구소를 창설, 농아교육에 힘썼다. 광선전화의 연구 외에도 여러 방면의 업적이 있다.

환국의 목소리가 전선을 타고 먼 거리의 다른 친구에게 그대로 전달되는 전화기의 원리는, 사실 어릴 적 두 개의 종이컵에 실을 묶고 했던 전화 놀이의 원리와 크게 다르지 않다. 종이컵 전화기에서는 공기의 진동이 실을 통해 전달되지만, 실제 전화기에서는 이 진동이 전기 신호로 바뀌어 전달된다는 것이 다를 뿐이다. 즉, 전화기의 핵심은 음성을 전류로 바꾸고 전류를 다시 음성으로 바꾸는, 일종의 변환 기능이라 할 수 있다.

사람은 성대를 진동시켜서 목소리를 내는데, 이 진동이 공기를 통하여 전달되면서 파동, 즉 음파가 만들어진다. 음파는 고유한 주파수를 갖고 있는데, 이 주파수가 인두강의 벽이나 입 안에 부딪혀 변화함에 따라 음의 높낮이나 크기를 결정한다. 사람들이 말로써 의사를 소통하는 방식은 바로 이러한 원리에 의한 것이다.

전화의 원리는 사람이 목소리를 내는 원리와 비슷하다. 환국의 친구에게 음성을 전달하기 위해 전화기가 갖추어야 하는 요소로는 음성을 전류로 변환하는 송화기, 전류를 음성으로 변환하는 수화기, 전류를 흘리기 위한 전지와 전류를 전달하는 전선 등이 있다.

이러한 것들을 갖추고 통화를 하기 위해서는 먼저 송화기에서 음성을 전류로 변환해야 한다. 송화기에는 인간의 성대와 같은 진동판이 부착된다. 음성이 진동판을 진동시키면 그 진동의 울림(압력)이 진동판 바로 뒤의 탄소가루에 전달되고, 진동의 울림에 따라 탄소의 밀도에 변화가 생겨 전기 저항이 변함으로써 그곳을 흐르고 있던 전류를 변화시키는 것이다. 이 전류의 변화가 전기 신호

가 되어 전화 회선을 따라 상대편 수화기에 도달
한다. 다시 말해, 탄소가루를 통해 음성과 동일하
게 변화된 음성 전류가 환국의 수화기로 흐르게
되는 것이다.

> **진동판** : 음성 전류를 소리로 바꾸
> 어 주는 얇은 철판.
> **전기 저항** : 물체에 전류가 통과하
> 기 어려운 정도를 나타내는 수치.

전류는 가만히 두면 어떠한 변화도 없이 그대로 흐른다. 전선에
대고 소리를 지르거나 전선을 막대기로 두드린다고 해도 마찬가
지다. 이러한 것들로는 공기의 진동과 같은 변동이 생기지 않기
때문이다. 하지만 전기 저항이 있을 경우에는 문제가 달라진다.
전류의 흐름을 막는 방해꾼인 전기 저항이 전류에 변화를 가져오
기 때문이다.

벨과 에디슨에게 고마운 마음을 '무선'으로 보내자!

벨이 발명한 전화기에서는 음성이 진동판을 진
동시키면 그 진동이 바로 전기 신호로 바뀌었다.
하지만 에디슨은 탄소를 사용함으로써 더 좋은 음
질의 전화기를 만드는 데 성공했다. 그는 진동판이
탄소에 압력을 전달하면 탄소가 수축 혹은 팽창한
다는 것을 알아냈다. 즉, 탄소가 수축하면 전기 저
항이 줄어들고, 탄소가 팽창하면 전기 저항이 커지
는데, 이 원리를 이용해 진동판만을 이용하는 것보

토머스 에디슨(Thomas Alva Edi-
son, 1847.2.11~1931.10.18) 미국
의 발명가. 특허 수가 1,000종을 넘을
정도로 많은 발명을 하였는데, 특히 중
요한 것은 전등의 발명이다.

모스부호(Morse Code) 점과 선을 배합하여 문자·기호를 나타내는 전신 부호. 미국의 발명가 모스가 고안한 것으로, 주로 무선 전신·섬광 신호 등에서 사용한다.

다 더 좋은 소리를 보낼 수 있게 된 것이다.

음성 전류 : 음성이 기계 장치에 의하여 전류로 변환된 일
전자석 : 전류가 흐르면 자기화되고, 전류를 끊으면 원래의 상태로 돌아가는 일시적 자석

수화기로 흐른 음성 전류는 다시 전기 신호에서 음성 신호로 변환되는 과정을 거친다. 수화기에는 코일이 감긴 전자석과 소리를 만드는 진동판이 설치되어 있다. 코일에 음성 전류가 흐르면 그 전류의 변화에 따라 자력선(자기 작용의 방향)이 변화하고, 이것이 다시 진동판의 진동으로 바뀜으로써, 즉 진동판이 음성 전류에 맞추어 진동함으로써 송화기에서 보낸 음성이 재생되는 것이다.

간추리면, 환국의 성대에서 나오는 소리에 따른 공기의 진동을 전기의 진동으로 변화시켜, 유선을 통해 환국의 친구에게 전달하는 '음성→전류 진동→음성'의 통신 방식이 바로 전화이다. 이때 전화에 흐르는 전류는 인체에 무해한 48V(볼트)이고, 이는 세계 어디에서나 같다.

복잡하고 어려운 전화의 기술 원리를 터득한 환국은, 오늘날 온 세계인을 하나의 전화선으로 이어 준 벨과 에디슨에게 마음의 무선으로 고마운 마음을 전해 본다.

무선전화기의 원조는 카폰?

전화는 사람들의 일상생활을 바꾸어 놓은 가장 획기적인 발명품 중 하나다. 유선의 뒤를 이은 무선통신은 더 말할 것도 없다. 아날로그 무선통신 기술이 등장하면서 인간은 선 없이도 통화를 하는 것이 가능해졌다.

무선통신의 원리는 전파를 전송 매체로 활용하는 것이다. 즉, 사용자가 전달하고 싶은 정보 신호를 공기 속에 존재하는 전파에 실어 보내면, 상대는 그 전파를 받아 원래의 정보 신호를 검출하는 방식으로 의사소통을 하게 된다.

무선전화기의 으뜸은 휴대전화이다. 이동통신 단말기인 휴대전화는 800MHz를 사용해 무선통신을 실현한다. 보통 이동전화는 1세대(1G) 아날로그, 2세대(2G) 디지털, 3세대(3G) IMT(International Mobile Telecommunication) 2000으로 진화하고 있다고 말한다. IMT 2000은 세계 어디서나 이용할 수 있는 이동전화뿐만 아니라 데이터와 영상까지 전송할 수 있는 멀티미디어 서비스 및 글로벌 로밍을 제공하는 유무선 통합서비스이다.

카폰(mobile phone) 자동차 안에 설치한 전화. 주행 중에도 일반 가입 전화와 통화할 수 있는 무선전화이다.

초창기의 아날로그 무선통신 방식(FDMA : 주파수 분할 다중접속 방식)인 1세대 이동통신은 엄격한 의미에서 휴대전화가 아니다. 전화 송수신을 위한 장비가 어른 팔뚝만큼 커 손에 들고 다니지 못하고 '카폰'이라 하여 차량에 부착하고 다녔으니, 휴대전화가 아니라 '팔뚝 폰'이었던 셈이다.

무선통신을 이용한 대표적 발명품인 휴대전화의 원리도 유선전화기의 원리와 같다. 다만 선 대신 휴대장치에 전파를 받을 수 있는 수신주파수와 전파를 보낼 수 있는 송신주파수가 있으며, 이를 통해 휴대전화 시스템의 심장부인 교환국과 교신을 하는 점에서 다르다. 교환국에서 송신주파수를 보내면 기지국을 통해 휴대전화에 수신되어 벨이 울린다.

기지국 : 이동통신 업무를 취급하는 무선국.

기지국이란 휴대전화의 전파가 모이는 곳으로, 저층 빌딩 옥상에 주로 설치돼 있는 커다란 휴대전화용 안테나를 말한다. 도심에서는 주로 500~700m마다, 지방에서는 1.5~2km마다 설치돼 있다. 휴대전화는 사용자의 위치를 관장하는 기지국과 항상 신호를 주고받는다. 예를 들면 휴대전화를 들고 광화문을 걸어가고 있다면 그곳을 관장하는 기지국에 자신의 위치를 알려 주고, 누군가가 전화를 걸면 광화문 기지국이 통신을 연결해 주는 것이다.

알고 보면 오랜 역사를 가진 이동통신의 원리

현재의 이동통신 기술은 최근에 불쑥 튀어나온 게 아니고, 100여 년 전의 무선통신에서부터 발전되어 온 것이다. 이동통신 시스템은 크게 이동 단말기(휴대전화기), 기지국, 기지국을 연결시켜 주는 유선통신망으로 구성된다. 환국은 휴대전화로 통화를 할 때에는 상대방과 무선으로 직접 연결된다고 생각하고 있었다. 대부분의 다른 사람들도 마찬가지다. 그러나 그것은 착각이다. 실제로 무선통신은 휴대전화와 기지국 사이에서만 이루어진다. 이동통신망을 흘러 다니는 신호는 90% 이상의 시간을 유선망에서 보내고, 극히 일부 시간 동안에만 무선망에 머무른다.

휴대전화 광고를 살펴보면, 기지국의 개수에 관한 이야기가 자주 나온다. 휴대전화는 각 기지국에 설치된 안테나를 통해 통신 전파를 주고받는 기기이기 때문이다. 그러므로 기지국이 많으면 휴대전화가 잘 터진다.

환국이 휴대전화로 친구에게 전화를 걸면 먼저 관할 기지국에 연결이 되고, 그 지역을 나오면 유선을 통해 다음 기지국으로 자동 전환된다. 그리고 마지막 기지국에서는 전용회선을 통해 환국의 친구 휴대전화로 무선전파를 쏘아 전화가 연결되도록 한다. 이처럼 기지국은 계속 바뀌지만, 그 시간이 매우 짧아 우리는 그러한 변화를 거의 느낄 수 없다.

휴대전화에서는 아날로그 신호인 음성을 디지털 신호로 바꾸어

CDMA : 코드분할 다중접속방식
여러 사용자가 동일한 주파수를
동시에 사용하는 방식.

전달하는 CDMA(Code Division Multiple Access) 라는 방식이 사용된다. 디지털이란 컴퓨터의 정보처리와 마찬가지로 소리·그림·문자의 모든 정보를 0과 1이라는 숫자로 바꿔서 저장하고 재생하는 것을 말한다. 또한 CDMA는 사람의 음성을 수십만 개의 조각으로 잘게 나누어 이를 무선주파수에 실어 전송하고, 조각으로 나눠진 신호를 다시 순서대로 조립해 재생하는 방식이다.

대표적인 2세대 통신기술인 이 CDMA 덕분에 휴대전화는 비로소 이름에 걸맞은 모습으로 변화하게 되었다. 손바닥 안에 놓일 정도로 크기가 작아지고, 100~200g 정도의 가벼운 무게로 모습이 바뀐 것이다. 그러나 CDMA의 궁극적인 목적은 크기나 무게를 줄이는 것이 아니라 주파수이다. 하나의 채널로 한 통화밖에 처리하지 못해 가입자 처리에 한계가 있는 아날로그 방식(AMPS)의 문제를 해결하기 위해 개발된, 디지털 방식의 휴대전화 시스템이 바로 CDMA이다. CDMA는 여러 명의 가입자가 같은 주파수를 이용해 같은 코드끼리만 연결되어 통화할 수 있다.

 편리해지고 싶은 휴대전화의 끝없는 욕망

2세대 이동통신 시스템을 세계 최초로 상용화한 나라는 우리나라이다. 미국도 CDMA 방식을 쓴다. 하지만 유럽은 1988년 독자

적으로 개발한 'TDMA(시간분할 다중접속)' 방식에 기반을
둔 GSM(Global System for Mobile Communi- cations : 유
럽형 디지털 이동통신) 시스템의 2세대 방식을 사용한다. 그
런 까닭에 우리나라에서 쓰이는 휴대전화기는 미국에서의
로밍이 가능하지만, 유럽에서는 로밍이 불가능하다.

DMB(Digital Multi-
media Broadcast-
ing) 디지털 멀티미디어
방송. 이동통신과 방송이
결합된 새로운 방송서비
스로, 휴대폰이나 PDA
에서 다채널 멀티미디어
방송을 시청할 수 있다.

  2세대 휴대전화는 이후 다양한 IT 기기와 하나가 되는
길을 걷는다. 디지털 카메라의 보급과 함께 휴대전화에는
소형 카메라가 장착되고, MP3 파일을 들을 수 있는 기능은
물론 휴대용 방송 서비스인 DMB 기능까지 추가되어, 휴대
전화로 사진을 찍고 음악을 듣고 TV를 보는 것은
이제 흔한 광경이 돼 버렸다. 이것이 곧 3세대 통
신으로, 3세대 휴대전화는 '세대'를 뜻하는 영어

로밍 : 서로 다른 통신 사업자의
서비스 지역 안에서도 통신이 가
능하게 연결해 주는 서비스.

'Generation'의 첫 글자를 따 '3G 휴대전화'라고도 부른다.

  3세대가 2세대와 다른 점은 인터넷과 같은 데이터 통신과 화상
멀티미디어 통신이 지원된다는 점이다. 이제 상상 속에서만 그리
던 영상통화가 가능해졌고, 자신의 휴대폰이나 접속카드로 세계
어느 곳에서나 유무선 멀티미디어 서비스에 접속할 수 있다.

  3세대 이동통신 기술은 WCDMA(Wideband Code Division
Multiple Access : 광대역 부호분할 다중접속) 방식으로, 2세대의
CDMA 방식보다 데이터 처리 속도가 5배 이상 빠르다. 데이터 전
송 속도가 킬로급에서 메가급으로 획기적으로 증가한 것이 3세대
이동통신의 중요한 특성이다.

휴대전화로 TV를 보는 세상

3세대 전화의 가장 큰 특징 중 하나는 'DMB와의 결합'이다. DMB는 말 그대로 걷거나 차를 타고 다니면서 TV와 라디오, 멀티미디어 동영상을 휴대전화로 볼 수 있게 하는 서비스 방송이다. 탁자 위 전화가 개인 휴대용품으로 발전했듯, TV수상기가 주머니 속으로 쏙 들어와 '이동형 멀티미디어 방송'을 가능케 한 것이다. 덕분에 산책 중은 물론 시속 100km로 달리는 차 혹은 난청 지역의 버스 안에서도 좋아하는 TV드라마를 시청할 수 있다. 얼마 전 DMB 휴대전화를 구입한 환국도 액정 화면을 통해 TV방송을 자주 시청한다.

DMB는 기존 방송의 개념을 완전히 흔들어 놓은 새로운 형태의 방송이며, 동시에 이동통신과 결합한 최초의 방송이다. DMB는 단순히 FM라디오의 디지털 버전도 아니고, 그렇다고 완전한 텔레비전 서비스라고 할 수도 없다. 비디오와 오디오라는 서로 다른 형식의 멀티미디어들이 하나로 통합된 새로운 장르인 DMB는 수신만 가능했던 기존 방송과 달리 양방향 통신을 지원한다. 따라서 사용자들은 음악을 들으며 스튜디오에 나온 게스트의 모습을 보거나, 인기투표나 즉석 퀴즈에 바로 참가할 수 있다. 또한 TV 시청중에도 광고에 나온 상품을 구매할 수 있고, 동시에 관련 웹사이트를 검색하는 일도 얼마든지 가능하다. 이러한 DMB는 미국이나 유럽, 일본에는 없는 우리나라만의 방송 형태이다.

DMB는 방송 서비스에 가입한 사람에게 전파를 쏘아 주는 방식으로 그 전파를 어떻게 쏘느냐에 따라 위성 DMB와 지상파 DMB로 나뉜다.

위성 DMB는 말 그대로 인공위성을 통해 전파를 쏘는 방식이다. 위성 DMB 회사는 TV드라마나 쇼 등의 방송 프로그램을 사서 우주에 떠 있는 인공위성에 전파로 보낸다. 그러면 이 전파를 받은 인공위성이 지상에 있는 서비스 가입자의 휴대전화로 그 전파를 다시 보낸다. 위성 DMB가 쏘는 전파는 수신에 방해를 받지 않아 전국 어디서나 방송 시청이 가능하다는 장점이 있는 반면, 전국이 시청권이므로 관련 설비를 갖추는 데 드는 비용이 많아 유료 서비스로 운영된다는 단점이 있다.

지상파 DMB는 인공위성을 이용하지 않고, 일반 TV방송처럼 지상에서 발사한 전파를 DMB 휴대전화가 받아서 보는 방식이다. 현재의 TV전송방식인 NTSC(National Television System Committee : 컬러 TV 표준방식 선정을 위해 조직된 위원회) 방식으로는 달리는 차 안에서 선명한 화질의 방송을 시청할 수 없다. 전파가 건물에 부딪힘에 따라서 발생한 반사파가 정상파와 부딪힘에 따라 화면 떨림이나 잔상 효과를 일으키기 때문이다. 이러한 단점을 극복한 것이 바로 지상파 DMB이다. 아직 높은 건물이 몰려 있는 지역에서는 전파가 잘 잡히지 않는다는 단점이 있지만, FM라디오 수신 지역을 서비스 대상으로 하기 때문에 지상파 DMB는 전용 휴대전화만 사면 무료

NTSC 방식 : 흑백TV 전파에 컬러 신호를 함께 보내는 컬러TV 전송 방식. 컬러방송을 흑백으로 수상할 수 있으며, 수상기 제작비가 비교적 적게 든다는 장점이 있다.

로 이용할 수 있다는 장점이 있다.

환국은 눈에 보이지 않는 정보 공간을 매개로 하여 누군가와 또는 무엇인가와 끊임없이 '접속'한다. 문자메시지를 주고받고, 매 순간 찍은 사진을 친구들과 나누는 일이 일상화됐다. 주파수 대역은 그를 친구, 커뮤니티 등 다른 세상과 연결할 수 있는 환경을 만들어 주었다. 이전에는 별개로 존재했던 요소들이 네트워크와 커뮤니케이션 기술의 발달로 새로운 관계를 맺게 된 것이다. 다시 말해 디지털 카메라, MP3 플레이어, 게임 등 거의 모든 디지털 기능을 한데 모아 놓은 '컨버전스(Convergence : 융합) 휴대전화'에 힘입어 새로운 관계가 형성되는 것이다. 이는 곧 특화된 기능을 따라 나뉘고 흩어진 '디버전스(Divergence : 확산) 휴대전화'에 대한 반격이 시작된 것이라고 할 수 있다.

> **주파수 대역** : 디지털데이터를 이동시키는 수치적 능력.

02

상쾌한 아침의 시작, 비데

베르누이의 원리
- 06:30 a.m.

침대에서 몸을 일으킨 환국은 맨 먼저 이중으로 된 방의 창문을 연다. 문을 열고 '후~ 하~ 후~ 하~!'하며 깨끗한 아침 공기를 들이마시고 또 내뱉는다. 그러고 있으면 "빨리 나오지 않고 뭘 꾸물거리니?"라는 어머니의 호통 소리가 울려 퍼진다. 오늘은 학교에 가지 않는 토요일이라 좀 능장을 부려도 되건만, 어머니의 호통 소리는 어김없이 들린다. 환국이의 꿈은 밤과 낮을 구별하기조차 힘들 만큼 어두운 방 안에서 졸리면 자고 그렇지 않을 때는 이리저리 뒹굴면서 학술서적이나 뒤적거리는 나날을 보내는 것이었다. 꿈 치고는 아주 소박한 꿈 아닌가? 그러나 "환국아~ 어서 나오라니까. 빨리 세수하고 밥 먹어."하는 엄마의 두 번째 잔소리에 하루가 시작되었음을 깨닫고, 환국은 환상에서 깨어나 화장실로 줄달음친다.

세수를 하기 전, 환국은 아침에 한 번은 꼭 볼일을 본다. 건강하다는 증거이다. 환국은 비데가 설치된 변기에 앉아 엉덩이를 따뜻하게 데워 가며 편안한 자세로 변을 본다. 배변 후에는 비데를 작동시켜 물이 나오게 한다. 볼일을 본 후 따뜻한 물로 씻으면 항문 괄약근이 이완되면서 혈액 순환도 잘 이루어져 치질 예방에 좋다는 소리를 들었기 때문이다.

 비데를 사용해야 하는 이유

　화장실과 욕실은 개인의 중요한 생활공간으로, 세면·목욕 등의 물리적 활동과 용변 등의 생리적 활동이 그곳에서 이루어진다. 기본적으로 화장실을 포함하고 있는 현대 주택의 욕실은 신문이나 책을 보며 사색할 수 있는 휴식 공간, 건강관리 공간의 역할을 하기도 한다. 하루에도 몇 차례나 드나드는 장소이기에 편안함이 요구되기 때문이다. 그러한 화장실과 욕실에는 과학적 원리를 이용해 만들어진 기구와 용품들이 많다. 샤워기와 이를 활용한 비데는 대표적인 욕실 과학 용품이다.

　사람의 항문 주변에는 1,000여 개의 잔주름이 형성돼 있다. 따라서 변을 보고 난 후에 아무리 최고급 보드라운 화장지를 사용하여 잘 닦아 낸다고 해도 항문 주름 깊숙이 남은 오염물을 위생적으로 처리하기는 힘들다. 그러나 아직까지는 화장지를 사용하여 항문을 닦는 경우가 보통인데, 휴지로 항문의 오염물을 애써 닦아 내려 하면 오히려 피부에 과도한 자극을 줘 상처가 생기기 쉽다. 비데를 구입하기 전, 휴지로 항문을 닦아 낼 때는 환국도 종종 그랬다. 이러한 항문의 상처는 오염물이 더욱 잘 쌓이게 하여 각종 세균이 서식할 수 있는 여건을 만들고, 그것은 다시 모든 병의 근원이 되는 변비나 치질 등으로 이어진다.

비데의 뜻이 '애완용 조랑말'이라고?

우리의 옛 선조들은 항문이나 생식기의 청결을 위해 뒷물이나 좌욕을 이용했다. 뒷물은 오랜 전통이었다. 목욕탕이 없던 시절, 남성이든 여성이든 뒷물은 한 바가지의 물만 있으면 혼자서 할 수 있는 것이기에 굳이 기술을 필요로 하지 않았다. 그러나 바쁜 현대인은 이조차도 실천하기 힘들다. 그래서 등장한 기계가 비데이다. 비데의 상징은 '깨끗함'이다. 즉, 휴지 대신 간편한 조작을 통해 항문에 남은 '오염물'을 깨끗이 세척해 준다는 것이다.

비데(bidet)의 원조는 프랑스이다. 프랑스어로 비데는 '귀족 사회에서 기르던 애완용 조랑말'이란 뜻이었는데, 16세기경의 어느 날부터인가 '귀족들이 더운물을 담아 뒷물을 하는 용기'로 그 의미가 바뀌었다. 아마도 용기에 말을 타듯 걸터앉아 뒷물을 하는 귀족의 모습에서 마치 조랑말을 타는 모습이 연상되어 붙여진 이름 같다. 희랍어에서 비데는 '여성이 뒷물을 하다'를 뜻한다.

모든 가전제품이 그렇듯, 비데도 수동식에서 기계식, 기계식에서 전자식 시스템으로 발전했다. 1908년부터 사용되기 시작한 수동식 비데는 마치 아코디언처럼 생긴 튜브의 주름을 수축시켜 항문 주위에 물을 뿌리는 아주 단순한 구조였는데, 손으로 주름을 수축시켜야 했으니 그야말로 '완전 수동식'이었다고 할 수 있다.

'베르누이 원리'를 이용한 기계식 비데의 사용

기계식 비데의 원리는 수도관의 자연 수압을 이용하여 냉온수를 원하는 비율로 섞여 나오게 하는, 매우 간단한 것이다. 이는 비데의 원조인 프랑스식 원리를 그대로 사용하는 시스템으로, 수도관에 연결된 샤워기를 변기에 달아 놓은 것으로 이해하면 된다.

샤워기는 가는 구멍을 통해 강한 물과 부드러운 물줄기를 동시에 분사하여 시원한 샤워를 즐길 수 있게 한다. 샤워기의 구멍은 작은 수압을 크게 만드는 재주가 있어서, 수도관에서 샤워기까지 도달한 물줄기는 샤워기를 통하면서 강하게 분출된다.

18세기 초 스위스의 과학자 베르누이는 통로가 좁은 곳을 통과하는 공기는 통로가 넓은 곳을 지나는 공기보다 속도가 빨라지는 현상을 발견했다. '베르누이 원리'라고 이름 붙여진 이 현상은 공기뿐만 아니라 모든 유체에서도 마찬가지로 나타나는데, 흔히 쓰는 물뿌리개나 샤워기는 이 원리를 이용한 것이다. 넓은 곳을 통과하던 공기 분자들은 갑자기 통로가 좁아지면 서로 그곳을 먼저 통과하려고 아우성치게 된다. 이 때문에 그 속도가 빨라져 통로의 벽면에서는 압력이 줄어든다. 흐름이 빠른 곳일수록 그 흐름 속의 압력은 낮고, 늦은 곳일수록 압력이 높다. 압력이 낮은 샤워기 입구로 빨려 올라간

유체 : 액체와 기체를 합쳐 일컫는 용어.

베르누이(Daniel Bernoulli, 1700~1782) 스위스의 이론 물리학자, 베르누이(Jean Bernoulli)의 아들로 1738년에 '베르누이의 정리'를 발표, 유체 역학의 기초적 개념을 확립하였다. 저서에 『유체 동역학』이 있다.

물은 연결 호스를 통과하던 공기와 섞여 분무를 이루며 고루 뿌려지는 것이다.

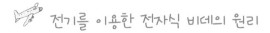

전기를 이용한 전자식 비데의 원리

이와 같은 베르누이 원리가 적용된 기계식 비데는 전기를 사용하지 않으므로 주로 전기를 아끼는 미국, 유럽 등의 선진국에서 많이 사용된다. 기계식 비데는 세정력이 우수하고, 고장의 우려가 거의 없어 반영구적으로 사용할 수 있어서 실용적이지만, 난방 변좌 기능이 없어서 겨울철에는 이용이 불편하다.

수압 조절이 불가능하여 자칫하면 사용자가 다칠 수 있다는 것도 기계식 비데의 단점이다. 비데의 가장 큰 특징은 '물로 세척한다'는 것인데, 물줄기가 너무 세거나 약하면 사용하는 사람이 불쾌감을 느낀다. 이러한 기계식 비데의 단점을 보정하여 개발된 것이 전자식 비데이다.

전자식 비데는 베르누이 원리를 이용한 기계식 비데에 전기히터 장치를 설치한 기기이다. 전자식 비데의 내부를 들여다보면 컴퓨터 기판 같은 여러 전자회로와 물을 뿜는 노즐, 물기를 말려 주는 드라이어 장치 등이 복잡하게 연결돼 있고, 한쪽에 조작판이 부착되어 있어서 모든 것이 전자 기능으로 제어된다. 전자식 비데에서는 뿜어 나오는 물줄기를 조절할 수 있고, 손을 사용하지 않아도 기구 중앙부에서 적당한 온도를 지닌 온수가 분출되므로 부드럽게 국부를 세척할 수 있다.

전자식 비데에서 가장 핵심적인 장치는 샤워기 역할을 하는 노즐로, 분사되는 물줄기의 세기와 범위를 사용자의 기호에 따라 조절할 수 있다는 것이 특징이다. 즉, 사용자가 원하는 '맞춤형 물줄기'를 뿜어 주는 것이다. 예를 들어 어린이나 항문 질환을 앓는 환자는 부드러운 물살을, 변비가 있는 사람은 강한 물살을 선택할 수 있다.

대부분의 전자식 비데는 히터로 냉수를 데워, 비데 뒤쪽 공간에 설치된 물탱크(1.2~1.5*l*)에 일정 온도로 보관한다. 본체의 급수구로 들어온 수돗물에는 불순물과 박테리아 등이 포함되어 있는데, 이것들은 필터를 통과하며 제거된다.

변을 보고 나서 사용자가 비데의 세정 버튼을 작동시키면, 보관된 온수가 분사되어 세정을 한다. 다시 물을 데우는 데에는 2분 30초 정도의 시간이 소요된다. 그러므로 만일 탱크의 온수를 다 소진하자마자 또 세정 버튼을 누르면 그때는 당연히 데워지지 않은 찬물이 올라온다.

무엇이든 지나치면 병이 된다!

전자식 비데에 숨어 있는 또 하나의 기능은 탈취 기능으로, 강력한 흡입 필터와 탈취 필터가 불쾌한 냄새를 최대한 없애는 역할을 한다. 또한 변좌 좌우에는 열선이 내장된 센서가 사용자의 착석을 감지하여 자동으로 난방 기능이 작동되게 한다.

전자식 비데는 주택에 온수가 공급되지 않던 일본에서 개발한 시스템이다. 만일 일본의 주택 구조가 한국과 같이 서양식으로 개방되어 있어 온수 공급이 가능했다면 전자식 비데는 탄생하지 않았을지도 모른다.

그러나 기계식 비데이든 전자식 비데이든, 화장지로 잘 닦이지 않는 생식기나 항문의 곳곳에 숨어 있는 배설물까지 없애 청결에 도움을 준다는 목적은 같다. 또한 수압을 무리하게 높여 물줄기가 질 내부로 들어가거나 항문 괄약근을 지나치게 자극하면 질염에 걸리거나 항문 괄약근이 약해지는 등의 부작용이 일어날 수 있다는 것도 동일하다. 여성의 질 내부에는 몸에 이로운 균과 해로운 균이 공존하는데, 어떤 균은 젖산을 분비해 질 내부를 ph 4.5 이하의 약산성으로 유지시켜 해로운 균의 비율을 1% 이내로 억제한다. 그런데 비데의 물줄기가 질 내부까지 들어가면 그러한 균까지 씻겨 내려가 해로운 균을 억제하는 힘을 잃게 된다.

> **pH** : 용액의 수소이온 농도를 나타내는 지수. 용액의 산성도를 가능하는 척도이다.
> **산성** : 염기에 수소이온을 잘 주는 성질이며 알칼리를 중화시킨다. 수용액에서 pH가 7보다 작을 때이고, 신맛이 난다.

비데의 잦은 사용도 오히려 해가 된다. 하루 4~5차례 이상 자주 비데를 사용하면 항문을 보호하는 분비물까지 말라 버려 항문이 건조해지고 가려움증까지 생기게 된다. 일시적으로 가려움증이 가라앉기 때문에 처음에는 비데를 자주 사용하게 되는데, 이럴수록 항문이 건조해지는 악순환이 반복돼 가려움증은 더욱 악화된다.

따라서 비데는 하루 1~2번 사용하는 것이 적당하다.

비데는 수압으로 뒤처리를 완벽하게 해 주는 생식기용 샤워기이다. 따라서 자기의 재산을 과시하는 장식용이 아닌 실용 목적으로 사용한다면, "닦지 말고 씻으세요"라는 광고 문구처럼 비데는 매일 아침 우리의 기분을 '룰루랄라' 상쾌하게 바꿔 놓을 것이다.

'아하, 그런 원리였구나!' 비데의 사용법을 제대로 알게 된 환국의 아침은 오늘도 산뜻하기만 하다.

03

주방의 마술 상자, 전자레인지

마이크로파를 이용한 물체의 분자 운동
- 07:30 a.m.

구수한 북어국 냄새가 화장실에 있는 환국의 코까지 솔솔 풍겨 온다. 냄새가 제법이다. 어젯밤에 KLDP.net 에서 '엄마손 0.86'을 내려받아 설치한 보람이 있다. 비안정화 버전을 쓰는 불안함은 있지만, 잘 차려진 아침밥상을 맛볼 수 있다는 점에서 선택의 여지가 없다. 엄마손 0.86이 알려 준 대로 어머니가 요리를 했다면, 분명 모양새며 맛도 훌륭할 것이다. 그러나 세수를 끝내고 식탁 앞에 앉아 기분 좋게 한입 떠먹은 북어국의 맛은 영 아니였다. "에휴∼." 환국은 토스트를 먹지 않고 한식으로 아침밥을 먹는다는 것에 그냥 의의를 두고 만다.

　　한여름, 뜨거운 불 앞에서 음식을 만들다 보면 금세 지치기 마련이다. 그래서 주부들은 한여름 주방에 가기를 두려워한다. 환국의 어머니도 예외는 아니다. 이럴 때 가스 불을 사용하지 않고 버튼 하나만 누르면 맛깔스런 요리가 완성되는 전자레인지나 오븐은 주부들에게 더없이 고마운 전자 기기이다.

　　전자레인지 생각을 하다 보니 라디오에서 들은, 전자레인지에 대해 편견을 가진 한 신혼 아줌마의 이야기가 기억난다. "전자레인지에서 전자파가 가장 많이 나온다고 해서 처음 임신했을 때는 전자레인지를 돌리고 끝날 때까지 방에 들어가 있었어요." 환국도 그와 같은 의심이 들어 전자레인지로 데운 음식을 먹지 않은 적이 있다. 그러나 얼마 전에 그것이 하나의 편견이었음을 깨닫고 생각을 바꾸게 되었다.

✈ 전자레인지의 전자기파는 위험하다?

전자기파 : 주기적으로 세기가 변화하는 전자기장이 공간 속으로 전파해 나가는 현상. 전파 또는 전자파라고도 한다.

꽁꽁 언 고깃덩이를 금방 녹이고, 짧은 시간에 음식을 끓이고 졸이고 데워 주는 주방의 마술상자 전자레인지. 하지만 전자기파의 위험성 논란으로 세상이 온통 들썩일 때 가장 큰 타깃이 되었던 것 역시 전자레인지였다. 아직도 '전자기파는 무서운 것'이라는 관념 때문에 '훤히 들여다보이는 유리문을 통해 전자기파가 밖으로 새어 나올 것이다' '요리를 한 후에는 전자기파가 음식에 남아 있어서 인체에 해를 끼칠 것이다' 등의 걱정으로 전자레인지 사용을 기피하는 가정주부들이 꽤 많다.

그러나 결론은 '전자레인지의 전자기파는 밖으로 노출되지 않으니 안심해도 된다'는 것이다. 전자레인지에 사용되는 전자기파는 파장이 길어 전자레인지 유리문에 붙어 있는 그물을 통과할 수 없기 때문이다. 그 원리를 간단히 살펴보자.

마이크로파(극초단파, microwave) : 파장의 범위가 1mm부터 1m 사이인 전파들을 모두 가리키는 용어이다. 파장이 짧으므로 빛과 거의 비슷한 성질을 갖고 있으며 살균력이 강하다는 특징이 있다. 이런 특성을 적용한 것이 전자레인지이다.

전자레인지는 마그네트론이라고 불리는 고주파 발신기에서 빼낸 수백 와트의 마이크로파를 이용하여 음식 안의 물 분자를 강제로 진동시키고, 그러면 물 분자는 격렬하게 회전 운동을 하면서 음식의 온도를 높인다. 이러한 진동, 즉 모든 파동(wave)에는 파장, 즉 한 주기의 길이가 있다. 파동은 자신의 파장보다 간격이 큰 그물은 통과할 수 있지만 이보다 작은 그물을 만나면 통과하지 못하고 반사되는 성질을 가진다. 그런데 전자레인지의 그물 구멍의 지름은 1~2mm에 불과하므로 전자기파가 전자레인지의 유리문을 뚫고 나오는 것은 불가능하다.

안심하고 자신 있게 전자레인지를 돌려라!

우리가 스위치를 켜면 전자레인지는 바로 마이크로파를 만들어 낸다. 전자레인지의 마이크로파는 물기가 있는 곳에 쏘았을 때 가장 많은 열을 낸다. 전파와 물기가 만날 때 전파는 상하로 진동하는데, 음극(−)이 됐을 때는 물 분자 중 양이온(+)을, 양극(+)일 때는 음이온(−)을 끌어당긴다. 손바닥을 서로 비비면 열이 나는 이치처럼, 이렇게 음이온과 양이온이 교차될 때에는 서로 마찰이 생겨 열이 발생한다. 또 전자기파는 도자기나 유리와 같은 물질은 통과하기 때문에 그릇은 가열되지 않고 그 안의 음식만 익는다. 그런데도 전자레인지에서 꺼내는 그릇이 차갑지 않은 이유는, 음식물의 수분에 의해 그릇이 데워졌기 때문이다. 전자기파의 이런 투과성 덕에 음식의 겉과 속이 동시에 익는 것이다. 불로 요리를 하면 겉에서부터 익어 들어가는 것과는 사뭇 다르다.

모든 전자기파가 그렇듯이 마이크로파도 인체에 닿으면 해롭다. 때문에 '전자레인지로 데우거나 조리한 식품은 건강에 해롭지 않을까' 하는 우려가 생기는 것이 사실이다. 한때 환국도 그 걱정에서 자유롭지 못했듯이 말이다. 그러나 전자레인지의 문을 뚫고 나오는 것은 우리 눈에 해롭지 않은 가시광선뿐이다. 따라서 요리를 하는 중이나 하고 난 후에는 아무리 요리를 쳐다보아도 피해를 입을 일이 없다. 음식에 쏘여진 전자기파는 음식 내에 남아 있지 않으므로 그 음식을 먹었다가 전자기파 때문에 건강이 나빠지는 일 역시 없다.

게다가 최근에 나온 전자레인지들은 전기장 성분을 100% 가까이 차단한다. 전자레인지의 유리문에 들어 있는 철선도 이와 마찬가지 원리로 만들어지기 때문에, 마이크로파는 유리 바깥으로 나오지 못하고 안에서만 왔다 갔다를 반복할 뿐이다. 그러니 이제 안심하고 자신 있게 전자레인지를 돌리자!

🛬 열로 음식을 굽는 전기오븐

세상에서 음식을 익혀 먹는 동물은 인간뿐이다. 이것은 불의 발견으로 가능해졌다. 인간은 불을 다루는 방법을 익히면서 자연스럽게 음식을 익혀 먹는 법을 터득했다. 미생물과 음식물의 부패로부터 자신을 보호하고, 보다 부드러운 섭생을 위해 불이라는 도구로 음식을 조리해 먹게 된 것이다. 이러한 불의 발견에 이어 인간이 발명한 대표적인 조리 도구가 바로 전자레인지와 전기오븐이다.

전자레인지와 전기오븐의 차이는 간단히 말해 조리 방법의 차이라 할 수 있다. 전자레인지는 마이크로파를 이용해 음식물 내부에서 열을 발생시켜 익히는 방식이고, 전기오븐은 열로 음식을 익히는 방식이다. 전자레인지는 음식물을 데우는 가열 기구이고, 전기오븐은 음식을 익히는 굽는 기구이다. 데우기 위주의 전자레인지와는 달리 빵이나 구이 등 다양한 요리가 가능하고, 추가적으로 전자레인지의 기능도 갖춘 것이 전기오븐인 것이다.

전자레인지 대 전기오븐

앞서 보았듯 전자레인지의 원리는 마이크로파가 음식물 안의 수분을 진동시켜 음식물을 가열하는 것이다. 반면 전기오븐의 경우에는 내부를 뜨겁게 달군 열이 조리실 안의 음식물을 익힌다. 전자들이 전구의 필라멘트처럼 열선 코일과 마찰하면서 열이 오븐을 가열시키는 것인데, 토스터나 전기다리미의 작동 원리 역시 이와 같다.

전기오븐 내부의 상단과 하단에는 히터가 부착되어 있는데, 상하 2개의 열선이 뜨거워지면 오븐 내부에 있는 팬(fan)이 돌아가면서 그 열을 전체적으로 고르게 전달하여 음식물을 가열한다. 밀폐된 오븐 내부의 공기가 뜨거워지면서 유체가 아래위로 뒤바뀌면서 움직이는 대류 현상, 가열된 철판에서 열이 전해지는 복사 현상, 음식을 담은 그릇에서 전해진 열이 물질 안의 고온에서 저온으로 흐르는 전도 현상의 원리가 적용된 것이 전기오븐인 것이다. 빠

대류 : 열을 받아 팽창한 유체가 위로 올라가고 열로 받지 않은 찬 유체는 아래로 내려오는 현상.
복사 : 열이나 전자기파가 아무런 도움 없이 사방으로 방출되는 현상.

르게 음식물을 데우는 대신 음식물의 수분 함량이 줄어드는 것이 전자레인지의 단점인 데 반해, 이처럼 내부의 뜨거워진 열기를 순환시킴으로써 음식물을 익히는 전기오븐은 국물이 있는 찜류라도 맛과 향이 날아가는 것을 막아준다는 장점이 있다.

오븐의 다양한 변신

오븐은 열원에 따라 가스를 이용하는 가스오븐과 전기를 이용하는 전기오븐으로 나뉜다. 보통 가스레인지 밑에 설치돼 있는 가스오븐은 크기가 크고 화력이 세다. 전기오븐은 조리 원리에 따라 다시 광파오븐, 스팀오븐, 스마트오븐 등으로 세분되는데, 이들은 기본 기능은 같지만 제조사 고유 기술에 따라 사용법이나 편의성 등에서 차이가 있다.

광파오븐은 조리실 내부에 상단과 하단의 일반히터 외에 추가로 할로겐 빛을 이용한 광파히터가 있어 일반히터와 함께 음식물을 가열한다. 이것은 다량의 원적외선이 포함된 열로 음식물의 겉과 속을 동시에 익혀, 빠르고 제대로 된 요리를 만들어 주는 시스템이다. 입체 가열 방식을 통해 오븐 내부의 온도를 5분 안에 약 300℃까지 끌어올리고, 반사판이 히터로부터 발산하는 광파에너지를 음식물에 집중시키므로 효율이 높다. 또한 예열이 필요 없고 조리 시간이 짧아 음식물의 수분이나 영양소 등의 손실이 적다.

스팀오븐은 고온의 미세한 수증기를 발생시켜 음식물을 가열한다. 100℃의 일반 스팀을 250℃로 가열하면 초고열의 미세한 물 입자가 만들어지는데, 이것이 조리물을 가열하여 음식을 완성시키는 것이다. 스팀으로 음식을 익히기 때문에 영양소가 파괴되지 않고, 불필요한 기름기와 염분이 음식물 밖으로 빠져나간다는 장점이 있다.

바코드(bar code) 컴퓨터가 읽고 입력하기 쉬운 형태로 만들기 위하여, 문자나 숫자를 흑과 백의 막대 기호와 조합한 코드를 말한다. 과학식 마크판독장치로 자동판독되며, 상품의 분류, 신분증명서 등에 사용된다.

스마트오븐에는 인스턴트 식품 포장지에 붙은 바코드를 인식해 조리 시간이나 가열 정도를 자동으로 맞춰 주는 기능이 내장돼 있다. 이러한 기능 덕분에 누구라도 쉽고 편하게 음식을 만드는 것이 가능하다.

전기오븐은 전기 콘센트가 있는 곳이라면 어디라도 설치가 가능하다. 가스오븐은 산소를 태우기 때문에 가정에서 장시간 사용할 경우 집 안의 공기가 혼탁해지지만, 전기오븐은 히터 자체가 발열하기 때문에 주변 환경에 영향을 주지 않는다.

✈ 이젠 내 마음대로 요리한다!

우리는 과일과 날것으로 먹는 채소를 제외한 대부분의 음식을 조리해서 먹는다. 음식을 조리하는 목적은 영양가를 유지하면서 음식의 맛을 내고 소화율을 높이는 데 있다. 그 목적에 맞는 조리 기구는 보다 즐겁고 다양한 식생활을 가능케 한다.

환국은 미래의 전자레인지와 전기오븐이 이끌 자동 감칠맛의 세계를 꿈꾼다. 그것은 머지않아 현실로 다가올 것이다. 대표적인 조리 기구인 전자레인지와 전기오븐이 곧 변화의 바람을 일으킬 것이기 때문이다. 요리 재료를 넣으면 알아서 조리 방법을 찾는 전자레인지가 바로 그런 예이다. 네트워크에 연결된 전자레인지는 이미 선을 보였고, 네트워크에 연결할 수 있는 전기오븐도 현재 개발 중이다.

네트워크와의 연결은 궁극적으로 개인 기호에 맞는 조리 방식에 따라 음식을 만드는 기술, 즉 조리 중 손쉽게 웹 사이트를 검색하여 그 요리법대로 가전제품을 제어하는 기술의 실현이 가능해짐을 의미한다. 이러한 기술은 인간을 보다 편리하게 해 주는 것은 물론, 음식의 맛도 더욱 깊게 해 줄 것이다.

04

알아서 다 해 주는 마이컴, 전기밥솥

전열선과 전자유도 가열 방식
− 07:35 a.m.

한창 식욕이 왕성할 때라 그런지 환국의 입에는 맛없는 북어국도 그저 꿀물 같다. 그 나이 때는 아무리 먹어도 늘 공복감을 느끼기 마련이다. 거기에 전기압력밥솥이 윤기가 자르르 흐르는 찰밥을 내놓는다면 어찌 게걸스러워지지 않겠는가. 별다른 반찬 없이도 밥 한 공기쯤은 거뜬히 사라진다. 벌써 도시락 두 개분의 공기밥을 마파람에 게 눈 감추듯 퍼 넣고 있는 환국이다. 이건 입맛이 아니라 순전히 밥솥 맛이다. 환국은 끈기 많은 밥은 전기밥솥이 만들어 내는 작품이라며, 어머니에게 기술 좋은 전기밥솥이 나오게 된 계기에 대해서 설명한다.

"1960년대 일본에서 어떤 여성 근로자가 밤을 새워 일을 하고 난 후, 집에 돌아와 전기밥솥에 다음 날 먹을 아침밥을 앉히고 그만 잠이 들었대요. 그런데 잠결에 이상한 냄새가 나기에 일어나 보니 밥이 새까맣게 타 버린 거예요. 화가 난 여성은 전자 회사로 전화를 걸어 '어떻게 전기밥솥을 만들었기에 밥이 다 타고 밥통도 못쓰게 되었느냐'며 변상을 하라고 마구 따졌어요. 그 문제를 해결하기 위해 전자 회사가 발명해 낸 것이 바로 바이메탈(열팽창률이 다른 얇은 두 금속판을 맞붙여서 만든 온도조절기)이에요. 바이메탈의 발명 덕분에 사람들은 전기밥솥과 전기다리미를 안전하게 사용할 수 있게 된 거죠."

환국의 설명을 듣고 있던 어머니는 가만히 환한 미소를 지으며 마음속으로 생각한다. '뉘 집 자식인지 몰라도 참 똑똑해!'

한정식과 비빔밥의 차이

한정식과 비빔밥

　요즘의 가전제품들은 모든 것을 '알아서' 해 준다. 그 안에 작은 반도체 칩이 들어 있기 때문이다. 이것은 그냥 칩이 아니라, 한 개의 칩에 컴퓨터의 모든 기능(CPU, 롬, 램, 입출력장치)을 갖춘 마이컴이다. 마이컴은 마이크로컴퓨터(microcomputer)의 줄임말로, 일본과 우리나라에서 주로 쓰는 용어이다. 반도체의 고향이라고 하는 미국에서는 줄이지 않고 그냥 마이크로컴퓨터 혹은 마이크로컨트롤러라고 부른다.

　마이컴과 우리가 흔히 사용하는 컴퓨터의 차이는 한정식과 비빔밥에 비유할 수 있다. 밥(CPU)과 반찬(롬, 램, 입출력장치)이 각각의 그릇(칩)에 담겨 있는 것이 한정식이라면, 비빔밥(마이컴)은 이 모든 것을 한 그릇에 모아 놓은 것이다. 마이컴이 등장한 이유도 비빔밥과 비슷하다. 즉, 비빔밥처럼 간편하게 먹어 보자(사용해 보자)는 것이 목적이었던 것이다.

　하지만 마이컴과 일반 컴퓨터의 질적인 차이는 가사 도우미와

아내의 차이만큼이나 크다. 마이컴은 시킨 일만 주로 하는 반면, 일반 컴퓨터는 스스로 일을 설계하고 때로는 남편이 할 수 없는 일까지 처리하기 때문이다. 그래서 작은 일은 마이컴이, 큰일은 컴퓨터가 분업하는 체계를 유지한다.

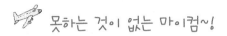

못하는 것이 없는 마이컴~!

우리 생활을 잠시 둘러보면 마이컴이 자리 잡고 있지 않은 곳이 없다. TV, VTR, 리모콘, 전화기(전자식), 냉장고, 세탁기, 전기밥솥, 전자레인지, 선풍기, 청소기, 전자게임기 등 소위 '전자가전'에서는 모두 마이컴이 재주를 부린다. 그러나 우리는 마이컴이 이용되고 있는지도 모르는 채 제품을 쓰는 경우가 비일비재하다.

전기밥솥 하나만 보더라도 마이컴의 쓰임은 다양하다. 전자유도라는 가열기술을 이용해 전통 가마솥 밥맛을 재현하고 백미 · 현미 · 잡곡 등 미곡의 상태에 따라 압력을 자동으로 조절해 주는 전기밥솥, 뉴로 퍼지 센서를 장착해 밥솥 내부의 수온과 주위 온도를 감지하여 최적의 열량을 조절하는 인공지능밥솥, 보통밥 · 진밥 · 된밥 · 누룽지 등 밥의 종류를 설정하여 조리할 수 있는 밥솥 등등이 마이컴의 사용 예이다. 이렇게 마이컴의 쓰임이 다양한 것은 밥솥에 내장되는 마이컴의 프로그램이 다르기 때문이다. 마이컴의 무늬라고 할 수 있는 내장 프로그램은 마이컴의 생명이다.

전기밥솥의 원리

　전기밥솥은 마이컴 외에도 취사발열체, 온도를 조절하는 자동 온도조절 장치, 제품 과열 시 전원을 차단시켜 주는 온도 퓨즈 등의 주요 부품과 그 밖의 크고 작은 100여 개의 부품들로 조립돼 있다. 대부분의 전기밥솥에서 채택하고 있는 가열 방식은 히터 가열식이다. 보통의 전기밥솥은 전기난로와 비슷한 열판 히터를 이용하는데, 뜨겁게 달궈진 열판은 열을 발생시켜 내솥에 전달한다.

　전기밥솥의 주요 기능은 취사 기능과 보온 기능이다. 취사 기능을 돕는 장치는 쌀과 물을 담는 내솥과 내솥 밑의 열을 공급하는 열판이다. 내솥에 쌀과 적당한 물을 채우고 뚜껑을 닫은 후 스위치를 작동시키면 열판 히터가 가열된다. 가열된 열판의 온도는 내솥에 전달되어 내솥 밑면의 온도를 100℃로 높이고, 일정시간 후에 내솥 내부의 밥물이 끓게 한다. 끓는 내솥의 온도는 더욱 올라가 100℃를 훨씬 넘어 200℃에 이르고, 일정온도가 되면 스위치가 자동으로 차단되어 취사 히터가 정지된다. 25분 정도에서 밥물이 잦아들고 뜸 들이기가 시작되는데, 이때 밥솥의 보온 히터가 발열을 시작하여 보온 상태가 유지된다.

　이 히터 가열식에 압력밥솥의 원리를 그대로 적용하여 두 기능을 겸비한 밥솥이 전기압력밥솥이다. 취사 · 보온전용밥솥은 부드럽고 고들고들한 밥맛을 내지만, 전기압력밥솥은 차지고 쫀득쫀득한 밥맛을 내는 것이 특징이다.

압력 : 물체와 물체의 접촉면 사이에 작용하는 서로 수직으로 미는 힘. 똑바로 서 있으면 발바닥에 작용하는 체중에 의해 압력이 나타나고, 용기에 담긴 액체는 액체가 접한 안쪽 면에 압력을 준다. 또한 기체의 경우 기체 분자들이 활발하게 운동을 하여 기체가 담긴 그릇의 벽에 충돌하면서 그릇의 안쪽 벽에 압력으로 나타난다.

무중력 상태 : 지구가 잡아당기는 힘인 중력과 같은 크기의 다른 힘이 중력과 반대방향으로 작용하여 중력을 느끼지 못하는 상태이다. 이 상태에서는 질량은 잴 수 있으나 무게를 잴 수 없고, 바닥과 발 사이의 마찰력이 없어 걸어 다닐 수 없는 등 일상생활과 다른 특이한 현상을 겪게 된다.

압력밥솥의 원리는 어떤 것일까? 주전자로 물을 끓일 때를 생각해 보자. 주전자에 물을 넣고 끓이면 뚜껑이 들썩이는데, 이는 주전자 내부에 수증기가 많아져 압력이 높아졌기 때문이다. 그러나 압력밥솥은 뚜껑을 움직이지 않게 함으로써 내부의 압력을 증가시키는 원리를 이용한 조리 기기이다. 내솥 안에 열과 함께 고도의 압력을 가하면 공기가 없어지면서 밥솥 안은 무중력 상태가 되는데, 이때 발생한 수증기는 압력에 의해 밖으로 배출되지 못하고 온도가 올라가면서 물이 줄어 밥이 지어진다. 압력이 높아지면 끓는점도 높아지므로 쌀을 골고루 빨리 익혀 취사 시간을 단축시킨다. 그렇다고 무한정 압력이 증가되는 것은 아니다. 압력밥솥에는 압력조절 장치가 있어서, 일정 수준의 압력을 넘으면 압력밥솥 내부의 기체가 빠져나오도록 함으로써 일정한 압력을 유지시킨다. 취사가 완료되면 자동으로 내부의 압력이 외부로 배출된다.

✈ 열과 온도의 차이점을 파헤쳐라!

전기밥솥의 스위치가 자동으로 차단되는 동작은 앞서 환국이 말한 바이메탈식 서모스타트가 맡아서 한다. 열팽창률이 다른 두 개의 금속판을 맞붙여서 만든 온도조절기인 바이메탈식 서모스타

트는 열을 가하면 열팽창률이 적은 쪽으로 기울어지는데, 이것이 두 금속판의 접점을 떨어뜨려 회로를 차단시킨다. 이쯤에서 환국에게는 한 가지 궁금증이 생겼으니, 열과 온도의 차이점이 그것이다. 열과 온도는 어떻게 다른 것일까?

우선 온도를 알려면 열의 정체를 알아야 한다. 온도는 물체가 뜨거운 정도를 뜻하고, 열은 에너지의 한 형태이다. 에너지는 일을 할 수 있는 능력을 말하는 것으로, 한 형태의 에너지는 다른 형태의 에너지로 전환될 수 있다. 집으로 들어오는 전기 에너지가 세탁기를 돌리는 역학적 에너지로 바뀌는 것이나, 태양 에너지가 전기 에너지를 만드는 것이 그 예이다.

열이란 물체를 구성하는 원자나 분자의 운동 에너지의 총량이고, 온도는 이 입자들의 평균 운동 에너지를 의미한다. 물체에 에너지를 공급하면 구성 입자가 활발히 움직여 물체의 열 에너지가 높아지고, 온도도 올라간다. 물론 에너지의 총량과 평균은 다르다. 뜨거운(온도가 높은) 쇠못 안의 입자들이 갖는 평균 운동 에너지는 한 대접의 미지근한(온도가 낮은) 물이 갖는 평균 에너지보다 크지만, 에너지의 총량은 작을 수 있다. 즉, 뜨거운 못보다 미지근한 물이 더 많은 얼음을 녹일 수 있다는 뜻이다.

요즘은 밥솥처럼 간단한 기계도 온도를 감지한다. 물이 남아 있을 때에는 밥솥 안의 온도가 100℃지만, 끓는 물이 없어지면 솥 안의 수증기 온도가 100℃를 넘기 때문에 온도만 재어 보아도 밥이 다 됐는지를 알 수 있다.

특명, 가마솥 밥맛을 찾아라!

맛있는 밥을 짓기 위해서는 무엇보다 도구가 중요하다. 옛날부터 쌀이 주식이던 우리 민족에게 밥 짓는 도구의 으뜸은 가마솥이었다. 아무리 가족이 많은 집이라도 가마솥 하나만 있으면 모두가 먹을 양의 밥을 거뜬히 해냈고, 잔치라도 있을 때면 돼지고기니 닭고기니 하는 수많은 재료들을 삶아 내기에 끄떡없는 부엌의 터줏대감 역시 가마솥이었다. 가마솥은 열전도율이 좋고, 무거운 솥뚜껑의 무게로 증기가 빠져나가는 것을 막아 내부 압력을 높이므로 쌀이 층지지 않고 골고루 잘 익게 한다.

가마솥에 밥 짓는 모습

열전도율 : 물체 속을 열이 전도하는 정도를 나타낸 수치. 시간(t) 동안 판을 통해 뜨거운 면에서 차가운 면으로 전달된 에너지를 Q라고 했을 때 단위시간당 전달되는 에너지를 말한다.

가마솥의 이런 원리를 그대로 적용해 '가마솥 밥맛'을 내는 도구가 바로 전자유도 가열 전기밥솥, 즉 'IH(Induction Heating)' 전기밥솥이다. 높은 화력이 특징인 IH 전기밥솥은 장작불처럼 밥솥 전체를 입체적으로 달궈 밥을 짓는다.

열판식 전기밥솥과 IH 전기밥솥의 차이점은 가열 방식에 있다. 열판식은 열판이 내솥 아랫부분을 직접 가열하는 방식이고, IH 가열은 밥솥의 내부를 감싸고 있는 코일에 유도 전류를 발생시켜 생성된 열로 내솥을 가열하여 밥을 짓는 방식이다. 밥솥 주위에 구리 코일을 감아 자기장을 변화시키면 유도 전류가 흐르게 되는데, 이때 전류의 흐름을 방해하는 저항 때문에 밥솥이 뜨거워져 밥물이 끓게 되는 것이다(유도 전류에 대해서는 213쪽 '금속 탐지기' 편에서 자세히 설명하기로 한다).

IH 전기밥솥은 열판식보다 더 강한 열을 낸다. 또 사방에서 가열하기 때문에 밥물이 강한 대류를 일으키며 열을 골고루 전달해 밥솥 구석구석까지 쌀이 잘 익는다. 흔히 '불꽃 없는 불'로 불리는 IH 기술은 다른 조리 기구에도 많이 이용된다. 가스레인지 대신 검은색 판의 조리 기구에 냄비나 주전자를 올려놓고 데우는 모습을 종종 볼 수 있는데, 판이 붉게 변하지 않는 그것이 바로 IH 기술이 적용된 예이다.

대한민국 집집마다 하나씩은 가지고 있는 필수품목인 전기밥솥은 가정에서 집안일로 어려움을 겪는 사람들의 부담을 덜어 주는 전자제품 중 하나이다. 버튼 한 번만 누르면 전기밥솥에 들어가 있는 컴퓨터 칩이 미리 지정한 대로 작동하여 맛있는 밥을 만들어 준다. '쉬익쉬익' 부지런히 증기를 내뿜는 전기밥솥 소리에 오늘도 사람들은 행복을 느낀다. 밥을 하지 않는 환국이라고 해서 다르겠는가? 무엇을 먹어도 맛있는 한창 나이의 환국은 그냥 전기밥솥을 쳐다보고만 있어도 마냥 행복하다!

05

엄마를 위한 최고의 선물, 세탁기

원심력을 이용한 원리

- 08:30 a.m.

아침식사를 끝낸 어머니는 재빨리 자리에서 일어나 바쁘게 움직이신다. 외국으로 출장 가셨던 아버지가 돌아오시는 날이기 때문이다. 한 달만의 출장을 끝내고 귀국하는 아버지를 맞이하기 위해 준비하실 게 한두 개가 아닌가 보다. 청소며 빨래며 음식 장만까지 해야 할 일이 산더미 같다고 한다. 그래서 환국은 오늘만큼은 자신도 어머니의 일을 돕고 싶다는 마음을 전한다. 그것이 아들의 도리일 것 같아서이다.

흔쾌히 승낙을 받아낸 환국이의 첫 번째 임무는 빨랫감을 세탁하는 일이다. 환국은 세탁기에다 빨랫감과 세제를 넣고 작동 버튼을 누르면 세탁기가 다 알아서 해 주는 줄 알고 있었다. 그러나 그 전에 사람의 손을 기다리는 작업이 있으니, 흰옷과 손빨래해야 할 옷, 삶을 빨랫감과 물 빠지는 옷들을 따로 골라낸 후에 세탁기를 돌려야 하는 것이다. 그런 줄도 모르고 환국은 늘 빨랫감을 세탁기에 마구 넣어 버렸으니, 빨래할 때마다 어머니께서 번거로우셨겠다는 생각이 든다. 잠시 어머니께 죄송스러운 마음을 느끼며 분류 작업을 끝낸 환국은 작동 버튼을 힘차게 누른다. 물을 가득 끌어들인 세탁기가 하얀 거품을 내뿜으며 윙윙 돌아간다. 이상하게도 어머니가 빨랫감을 돌릴 때는 시끄럽게 느껴지던 세탁기 소리가 오늘은 왠지 정겹다.

가사노동자를 위한 최고의 선물, 세탁기의 등장

하루가 멀다 하고 쏟아져 나오는 가족들의 빨랫감을 세탁하는 것은 주요한 가사노동 중 하나이다. 빨래는 전기세탁기라는 기계가 등장하기 전까지 가사노동자들이 가장 힘겨워하던 일이었다. 그런 까닭에 그 짐을 덜어 준 세탁기의 등장은 그들에게 최고의 선물이 아닐 수 없었다.

세탁기는 전동기를 주동력으로 하고, 물과 세제의 작용 및 물리적 힘에 의해 세탁과 헹굼, 탈수의 과정이 이뤄진다. 이러한 현대적 개념의 세탁기는 1851년 미국의 제임스 킹이 발명한 실린더식 세탁기를 그 시초로 한다. 이후 1874년 윌리엄 블랙스톤이라는 사람이 손으로 돌리는 기계식 세탁기를 고안해 냈고, 전기세탁기는 1908년에 등장했다. 미국의 알바 피셔가 전기모터가 달린 드럼통의 세탁기를 발명하는데, 이것이 오늘날 사용되는 드럼식 세탁기의 원조가 된다. 이어 1911년 미국의 가전업체 메이택이 판매 가능한 세탁기를 처음으로 선보이고, 이후 월풀이 자동세탁기를 개발하면서 본격적으로 전기세탁기의 시대가 열린다. 월풀 세탁기는 시커멓게 소용돌이치는 폭포의 소용돌이 지점인 캐나다의 월풀에서 그 원리를 착안하여 만든 것이라 한다.

캐나다의 월풀

 어떻게 자동으로 빨래가 될까?

　전기밥솥과 마찬가지로 세탁기 안에도 마이컴이 있다. 한때 카오스세탁기, 퍼지세탁기라는 말이 유행한 적이 있는데, 이 또한 마이컴에 입력된 프로그램에 따라 붙여진 이름이다. 마이컴 칩에 어떤 프로그램을 입력하느냐에 따라 마이컴의 기능은 천차만별로 달라진다. 다시 말해 같은 세탁기라도 마이컴에 입력된 프로그램에 따라 카오스세탁기가 되거나 퍼지세탁기가 되는 것이다.

　전기세탁기는 동력 장치인 전동기(모터), 빨래에 에너지를 전달하는 기계부, 세탁 과정을 조정하는 조작판, 그리고 물을 넣고 빼는 급수 장치와 배수 장치로 구성된다. 세탁은 세탁물의 마찰력 70%, 세탁 세제 20%, 물 10%로 진행된다. 세탁기의 원리는 원심력을 활용한 것인데, 바닥에 있는 회전날개가 빠른 속도로 돌아가면 세제와 빨랫감도 함께 회전하면서 때가 빠지고, 구멍이 뚫린 안쪽 통이 고속 회전하면서 더러워진 물을 배출한다. 세탁에서부터 탈수까지 이러한 전 과정은 자동으로 진행된다.

> **원심력** : 원 운동을 하고 있는 물체에 나타나는 관성력이다. 구심력과 크기가 같고 방향은 반대이며, 원의 중심에서 멀어지는 방향으로 작용한다. 운동 중인 물체 안의 관찰자는 힘이 작용한다고 느끼지만 실제로 존재하는 힘은 아니다.

먼저 세탁기에 빨랫감을 넣으면 발전기 역할을 하는 센서가 전압을 발생시켜 빨래의 양을 감지한다. 그러면 전자석으로 된 급수밸브에 전원이 켜지면서 전자석을 당기고, 그에 의해 물을 막고 있던 판이 당겨져 물이 들어온다. 이미 읽어 들인 무게의 물량만큼의 물이 들어오면, 수위를 감지하는 수위 센서에 의해 물이 차단된다. 이어 수위 센서가 들어온 만큼의 물의 압력을 읽어 압력에 따른 주파수를 마이콤에 전달하면 급수밸브의 전원이 끊어지고 세탁이 시작된다.

세탁이 시작되면 세탁조 아래에 설치된 날개가 좌우 회전하면서 강한 물살이 생기는데, 이때 돌아가는 통의 회전속도는 분당 1,000~3,000회에 달한다. 마이컴의 프로그램에 따라 세탁이 끝나면 헹굼을 위한 배수가 시작되고, 배수 모터가 작동하여 세탁조의 물을 밖으로 내보낸다. 헹굼과 배수 과정은 마이컴 프로그램의 이러한 순서에 따라 반복적으로 이뤄진다.

전기세탁기와 드럼세탁기

수질이 좋아 냉수 세탁이 가능한 한국과 일본에서 주로 사용하는 전기세탁기는 짧은 시간에 세탁이 가능하다는 장점과 함께 세탁물이 엉키고 빨래를 삶을 수 없다는 단점을 가지고 있다. 세탁기에 들어갈 양의 물을 95℃로 데우려면 두 시간 정도가 소요되는데, 이 때문에 전기세탁기 안에서 물을 데워 빨래를 삶는다는 것은 도저히 불가능한 것이다.

이런 문제를 위해 등장한 것이 드럼세탁기이다. 드럼세탁기는 비누가 잘 풀리지 않는 센물이 많은 유럽 지역에서 주로 사용한다. 기본적인 원리는 전기세탁기와 다르지 않다. 다만 전기세탁기의 원리에 덧붙여 쳇바퀴처럼 생긴 드럼을 회전시켜 세탁물이 떨어지는 힘을 이용하여 세탁한다는 점이 다를 뿐이다.

> **센물** : 칼슘이온이나 마그네슘이온을 많이 포함하고 있는 물. 이 성분들이 물을 미끄럽게 만들며 비누가 잘 풀리지 않게 하는데, 끓였을 때 단물로 바뀌는 물을 일시적 센물, 끓여도 단물로 바뀌지 않는 물을 영구적 센물이라 한다.

일반적으로 세탁을 할 때는 세제를 풀고 옷을 비벼 때를 뺀다. 하지만 드럼세탁기는 중력을 이용하여 옷을 공중에 올렸다가 떨어뜨리는 방식으로 세탁을 한다. 즉, 여러 개의 돌출부가 형성되어 있는 드럼의 안쪽에 물과 세제와 빨랫감을 넣고, 저속으로 드럼을 회전시켜 세탁물이 돌출부에 의해 올려졌다 떨어지는 충격으로 세탁을 하는 것이다.

이러한 드럼세탁기의 장점은 옷이 바닥에 부딪힐 때에만 물이 필요하기 때문에 전기세탁기보다 세 배 이상의 물이 절약된다는 것이다. 또 옷끼리 마찰되는 경우가 거의 없어 전기세탁기를 사용할 때에 비해 옷감의 훼손도 훨씬 덜하고, 물을 적게 쓰니 물을 데워 빨랫감을 삶는 것도 가능하다.

드럼세탁 시의 물의 온도는 항상 40℃ 정도로 유지된다. 그 이유는 체온에 가까운 40℃에서 인체 분비물인 피지로 인한 때가 잘 빠지기 때문이다. 드럼세탁기가 전기세탁기에 비해 비싼 것은 바로 이러한 가열 장치 때문이다. 따라서 드럼세탁기의 단점은 전기를 많이 소모한다는 것이다. 전기히터를 통해 40℃의 물을 데워 쓰니 지극히 당연한 일이다. 그 외에도 세탁물을 비벼 주는 힘이 약하다는 것, 사용 시의 소음이 만만치 않고 세탁 시간도 오래 걸린다는 것 등의 단점이 있다.

'은'으로 세균을 죽인다고?

드럼세탁기는 전기세탁기의 부족함을 보완하기 위해 발명되었다. 그렇다면 전기 소모량이 많다는 드럼세탁기의 문제점을 해결하기 위해 또 어떤 발명이 이뤄졌을까?

'삶지 않고 세균을 죽일 수 있는 방법이 없을까'라는 궁리 끝에 등장한 결과물은 바로 은나노 드럼세탁기이다. 은나노는 은(silver)과 나노(nano)의 합성어이다. 나노는 10억 분의 1을 나타내는 단위로, 희랍어의 난쟁이(나노스)에서 유래된 단어이다. 은나노는 전기 분해나 화학적 분해 방법을 이용하여 나노 단위의 미세한 입자 상태인 '은 용액(콜로이드)'으로 만들어진 것이다.

은나노 드럼세탁기의 원리는 은 이온을 생성시켜 옷이나 물 속에 있는 세균을 없앤다는 것이다. 은 이온은 급수관에 달린 은 발생 장치가 은판에 전압을 가하여 만들어진다. 처음에는 세탁기에서 은을 나노 크기로 전기 분해하고, 그것을 물에 푼 은나노 물로 세탁이 이루어진다. 그리고 마지막으로 빨래를 헹굴 때 항균 과정을 거치게 함으로써 세탁한 후에도 남아 있을지 모를 세균을 살균하는 것이 은나노 드럼세탁기의 세탁 방식이다.

은나노의 가장 큰 강점은 강력한 살균과 항균 효과이다. '살균'은 '균을 죽인다'는 뜻이고, '항균'은 '균을 막는다'는 뜻이다. 환국은 은나노의 살균·항균 능력은 곧 '무균 상태를 만드는 것'이라고 믿고 있었다. 하지만 이것은 잘못된 믿음이다.

물론 은의 강력한 살균이나 항균 효과에 대해서는 학계에 이견이 없다. 그러나 은나노 가전제품에서 균이 죽거나 증식하지 못하는 것은 은이 아닌 산소 때문이다. 은은 산소가 균을 분해하는 데 있어 촉매제 역할을 할 뿐이다. 산소 분자가 은 표면에 닿으면 산소 원자로 흡착되는데, 바로 이 산소 원자가 박테리아나 바이러스 등을 산화시키면서 없애는 역할을 한다. 다시 말해 '살균'은 은과 균이 직접 맞닿았을 때만 나타나는 것으로, 이는 곧 은나노 용기 표면에서는 균이 죽어도 은과 직접 닿을 일이 없는 용기 내부의 음식물이나 세탁물의 균까지 '살균'되는 것은 아님을 뜻한다.

세제 없이 깨끗하게 빨래가 될까?

최근엔 무세제 드럼세탁기도 심심찮게 등장한다. 물은 수소 결합으로 인해 분자 간의 인력이 매우 크므로 응집력과 표면장력이 대단히 크다. 따라서 물만으로는 옷감의 때를 빼기 어렵다. 표면장력은 액체가 기체나 고체 물질과 접하고 있을 때 물질의 경계면에 생기는 표면적을 최소화시키는 힘이다.

계면활성제 : 묽은 용액 속에서 계면에 흡착하여 그 표면장력을 감소시키는 물질.

옷감과 때가 잘 분리되도록 하려면 계면활성제인 비누 혹은 세탁세제를 사용하여 물의 표면장력을 줄여야 한다. 다시 말해 비누나 세제를 물에 녹이면 표면장력이 감소돼 옷에서 때를 잘 떼어 낼 수 있다는 것이다. 그러니까 비누가 때를 빼는 것이 아니라 물이 때를 빼는 것이고, 비누는 물이 때를 뺄 수 있도록 도와주는 보조제인 셈이다.

이와 같이 비눗물로 때를 빼는 원리를 응용하여 만든 것이 무세제 세탁기이다. 무세제 세탁의 원리는 물을 전기분해하여 세탁이 가능하도록 물의 성질을 바꾸는 것이다. 합성세제를 사용하는 기존 세탁기와 달리 무세제 세탁기는 내부에 부착된 전기분해 장치를 이용, 전해질 재료인 탄산나트륨(Na_2CO_3)을 넣어 물의 전기분해를 촉진시킴으로써 세탁이 잘 되는 알칼리 이온수를 만든다. 즉, 물에 전기적 충격을 가하면 물이 분해(물 분자가 깨짐)되어 물보다 크기가 작은 다양한 이온들($Na+$, $OH-$, HCO_3-, CO_32OH-, O_2- 등)이 생성되는데, 이 이온들이 가지고 있는 오염 물질을 분해하거나 살

균하는 성질을 이용한 것이 무세제 세탁인 것이다. 환경 문제의 차
원에서 보면 이러한 무세제 세탁 기술은 더없이 좋고 반길 일이다.

버튼만 꾹꾹 누르면 다 되는 줄로 알았던 세탁기 빨래에도 노하
우는 있는 법이다. 세탁 효과를 높이고 능률적인 세탁을 하기 위해
등장한 세탁기의 종류 또한 만만찮다. 따라서 '어떤 세탁기를 선택
하여 똑 소리 나는 빨래를 할 것인가'는 전적으로 사용자들이 많은
경험을 쌓아 그것을 바탕으로 결정해야 한다.

빨랫감을 분류하는 기준과 순서도 쉽지 않은데, 세탁기의 종류
까지 다양하니 빨래 한번 하기도 참 어렵다. '버튼만 누르면 끝!'
이라고 단순하게 생각했다가 이러한 복잡함과 마주한 환국은 머리
만 어지러워지고 말았다.

06

우연한 발명품, 진공청소기

공기의 압력차의 원리

– 09:30 a.m.

세탁기는 여전히 잘 돌아가고 있다. 복잡한 세탁은 세탁기에 맡기고, 환국은 두 번째 업무인 청소를 하기로 했다. 가사 일을 하는 사람은 누구나 공감하겠지만 청소는 정말이지 매일 해도 끝이 없다. 더욱이 위생이나 가족의 건강과 직결되니 미루면 안 되는 일이기도 하다.

　환국은 집안 청소는 일단 엊그제 새로 산 로봇청소기에게 시키고, 자신은 모든 창문을 열어젖힌다. 새 주인을 만나 본연의 역할을 맡은 로봇은 신이 나는지 윙윙거리며 집안 구석구석을 휘젓고 다닌다. 로봇청소기가 지나갈 때마다 바닥의 먼지들이 깨끗하게 빨려 들어간다. 인간은 태어나서 죽을 때까지 인생의 90% 이상을 실내에서 보낸다고 한다. 평생을 먼지와 동고동락하는 셈이다.

　로봇이 바닥의 구석구석 먼지를 빨아들이는 동안, 환국은 로봇청소기의 손길이 미치지 못하는 구석구석의 먼지를 닦아내고 세면대 등의 물기를 닦는다. 흐트러진 물건들을 정리하고, 벗어 놓은 옷들도 챙긴다.

🛩 우연히 발명된 진공청소기

우리나라 가정에서 평균적으로 청소에 투자하는 시간은 한 달에 15시간 정도라고 한다. 청소를 하는 동안에는 쉴 새 없이 움직여야 하기 때문에 힘이 많이 든다. 이렇게 힘든 청소에 시달리는 사람들의 도우미로 나선 것이 강력한 흡수력을 이용해 먼지를 빨아들이는 진공청소기이다.

1901년 2월 18일, 영국의 공학자 휴버트 세실 부스는 우연히 '먼지를 빨아들이면 어떨까' 하는 아이디어를 생각하다가, 의자 등받이에 손수건을 놓은 후 이 손수건에 자기 입술을 대고 훅 빨아들이는 실험을 하게 된다. 바로 그것이 진공청소기를 발명하는 계기가 될 줄은 아무도 몰랐다. 그러나 부스가 발명한 초기 진공청소기는 거대한 엔진 때문에 마차가 끌고 다녀야만 했다.

🛩 강력한 힘으로 먼지를 빨아들이는 진공청소기

진공(眞空)이란 말 그대로 '아무것도 없이 비어 있는 공간'이라는 의미이다. 진공을 뜻하는 영어 단어인 'vacuum'은 '비어 있음'을 의미하는 그리스어 'vacua'로부터 유래했다. 그런데 현실적으로 어떠한 입자도 전혀 없는 절대진공을 만들기는 거의 불가능하다. 따라서 실제로 진공은 '주위 대기보다 압력이 낮은 공간'을 의미한다.

우리가 숨쉬는 공기 속에는 질소, 산소, 수증기, 탄산가스, 헬륨, 아르곤과 같은 여러 기체가 섞여 있다. 이들 기체 분자의 수는 1cm³당 2.5×1019개나 된다. 손가락 한 마디 정도의 부피 안에 세계 인구수의 40억 배에 달하는 기체 분자들이 존재하는 것이다. 진공 기술에 관련된 국제적 규격을 제공하는 국제표준기구(ISO)와 미국진공협회(AVS)에 따르면, 진공은 '대기압보다 압력이 낮은 상태 또는 1cm³당 분자 수가 2.5×1019개보다 적은 경우'로 정의된다.

부스가 발명한 초기 진공청소기

지구 위의 대기압은 760토르(torr, 기압의 단위) 인데, 진공청소기 안은 600토르 정도로 이 기압차를 이용해 먼지를 빨아들인다. 진공도가 높아지면,

휴버트 세실 부스(Hubert Cecil Booth)

즉 분자 밀도가 줄어들면 분자 밀도가 많은 쪽에서 적은 쪽으로 압력 차이에 의한 힘이 발생한다. 진공청소기는 이와 같은 힘을 이용한 간단한 사례에 해당한다. 1분에 만 번 이상 팬을 강하게 회전시켜 호스 속의 청소기 내부를 진공 상태로 만들면 기계 안의 압력이 줄어들면서 흡인력이 생기고, 진공청소기 내부의 압력은 외부의 압력보다 낮기 때문에 먼지가 내부로 빨려 들어간다. 주사기로 약물을 빨아올리는 것도 이와 같은 원리이다.

✈ 오히려 먼지를 내뿜고 있다고?

미세먼지 : 우리 눈에 보이지 않을 정도로 가늘고 작은 먼지 입자로 지름 10㎛ 이하이다. 사람의 폐포까지 깊숙하게 침투해 각종 호흡기 질환의 직접적인 원인이 되며 우리 몸의 면역 기능을 떨어뜨린다.

그런데 가정에서 사용하고 있는 진공청소기의 대다수가 큰 먼지는 빨아들이면서 오히려 눈에 띄지 않는 미세먼지는 방출하고 있다는 실험 결과가 종종 보도된다. 환국은 그러한 사실을 이해하기 어렵다. 청소를 할 때 진공청소기를 사용하는 이유는 먼지를 흡입하여 깨끗하고 말끔하게 하기 위함인데, 진공청소기로 매일 청소를 끝내고도 집 안 구석구석 먼지가 쌓인다면 굳이 청소할 까닭이 없지 않은가?

과학자들은 환국의 의문에 대해 '진공청소기를 사용할 때에는 공기 중의 아주 작은 미세먼지가 오히려 증가하기 때문'이라고 답한다. 미국 스탠포드대학의 안드레아 페로 박사는 사람이 집 안을 돌아다니거나 침대를 정리하는 동안, 또는 진공청소기를 돌릴 때에 오히려 미세먼지가 크게 증가한다고 말한다. 특히 진공청소기의 경우엔 카펫을 두드릴 때의 절반에 해당하는 양의 먼지가 발생한다. 청소기 필터가 미세먼지를 흡입하지 못하기 때문이다. 따라서 진공청소기로 청소한 후에는 물걸레나 스팀청소기를 사용하여 수시로 집 안을 닦는 것이 미세먼지의 발생을 줄일 수 있는 방법이다.

묵은 때를 닦아 주는 스팀청소기

어제 하루 비가 온 탓인지 집 안이 꿉꿉하다. 환국은 스팀청소기를 돌려 한 번 더 청소를 해야겠다고 마음먹는다. 빗자루를 대신하여 먼지를 빨아들이는 청소기가 진공청소기라면, 스팀을 내뿜어 물걸레질 효과를 내는 청소기는 스팀청소기이다.

스팀청소기의 원리는 간단하다. 내부 보일러에서 물을 끓인 뒤 강력한 압력으로 뜨거운 스팀을 분사해 바닥의 때를 불린 후 초극세사 걸레로 닦아 내는 것이다. 투입구의 물통에 물을 채워 넣으면, 물통에 연결된 펌프를 통해 일정량의 물이 보일러로 공급된다. 이때 스팀을 발생시킬 수 있을 만큼 보일러의 온도가 높지 않으면 온도가 올라갈 때까지 펌프가 작동하지 않기 때문에, 청소기를 처음 켰을 때는 스팀이 발생하는 시간까지 약 15초가 소요된다. 충분히 뜨거워진 보일러에 물이 공급되면 순간적으로 스팀이 발생한다.

스팀청소기의 스팀 분사 방식은 일반적인 전기다리미의 그것과는 다르다. 전기다리미의 스팀 분사는 히터의 발열을 이용한 방식으로, 뜨거운 히터 상부 쪽으로 소량의 물을 흘려 보내면 수증기가 발생하고, 내부 압력에 의해 이 수증기가 스팀 배출구로 나오는 원리를 이용한 것이다. 이 같은 방식의 문제점은 히터로 들어가는 물의 양에 의해서 스팀의 강약이 조절되기 때문에, 빠른 조절이 사실상 불가능하다는 것이다.

🛩️ 99.9%의 확실한 살균 효과

그에 반해 스팀청소기는 히터 가열 방식이 아닌, 물 분자에 섞여 있는 도체를 이용하여 발열을 유도하는 '방전 전극 방식'이다. 순수한 물(증류수)은 방전 전극을 통해도 발열이 일어나지 않기 때문에 스팀의 발생이 억제된다. 그러나 일반적인 물(수돗물) 속에는 미량의 전해질(전기가 통하는 물질)이 포함되어 있어서, 양극과 음극 사이의 방전판을 통과하면 물 분자가 심하게 진동하여 뜨거운 수증기로 변환된다. 변환된 수증기는 액체 상태의 물보다 더 많이 팽창하기 때문에 부피가 커져 배출구로 분사된다. 이렇게 가열 장치에서 나오는 100℃가 넘는 고온의 스팀이 흡입구를 통해 노즐 바깥의 걸레로 전달돼 먼지를 닦아 주고, 진드기나 곰팡이, 대장균 등의 세균까지 없애주는 것이다.

스팀청소기의 살균 비결은 바로 뜨거운 온도에 있다. 세균은 온도 변화에 매우 잘 적응하고 생존력이 강한 편이어서 75℃까지는 죽지 않는다. 그렇기에 뜨거운 걸레로 닦는 방법으로 세균을 없애는 것은 불가능하다. 걸레를 뜨거운 물에 빤다 해도 물의 온도는 사람이 손을 데지 않을 정도일 것이고, 그 정도에서는 세균도 살 수 있기 때문이다. 하지만 온도가 85℃ 이상 올라가면 대부분의 세균은 죽기 때문에 100℃ 이상의 스팀으로 바닥을 닦는 스팀청소기라면 그 살균 효과는 99.9%에 가깝다.

스팀청소기를 제대로 사용하려면 청소기 안에 물을 넣을 때 3분

의 2 정도만 넣어야 하고, 청소 후 남아 있는 물은
바로 버려야 한다. 물을 그대로 남겨 두면 석회질
이 생겨 고장의 원인이 되고 냄새가 난다. 또한 전
원을 끈 뒤에도 열이 남아 있으므로 그냥 바닥이
아닌 받침대에 세워 두는 것이 좋다.

현미경으로 관찰한 세균

스스로 알아서 청소하는 로봇청소기

100여 년간 사람들의 일손을 덜어 준 진공청소기도 이젠 낡은
시대의 유물이 되어 간다. 청소 걱정에서 해방시켜 주는 '똑똑한'
로봇청소기가 성공적으로 가정에 진입했기 때문이다. 물론 진공청
소기나 스팀청소기도 청소에 많은 도움을 주지만, 청소하는 사람
이 계속 매달려 있어야 한다는 단점이 있다. 이에 반해 로봇청소기
는 인간의 도움 없이 자동으로 바닥을 청소할 수 있어 편리하다.

'사람의 손발처럼 동작하는 기계'로 정의되는 '로봇'이라는 말
은, 1920년 체코의 극작가 카렐 차페크가 자신의 희곡 『로섬의 인
조인간』에서 노예나 강제 노동을 의미하는 '로보타(robota)'라는
단어를 사용하면서 처음 등장했다. 이러한 로봇이 인간의 파트너
로 생활하기 위해 가장 먼저 선택한 일은 청소이다. 사용자가 원하
는 청소 요일과 시간을 지정하면 설정된 프로그램에 의해 로봇이
자동으로 청소를 해 주는 것이다. 그래서 퇴근 후나 주말에 쉬지도

못하고 꼼짝없이 청소에 매달려야 하는 맞벌이 부부에게 로봇청소기는 특히 안성맞춤이다.

적외선 센서를 단 센스쟁이!

단순히 먼지를 흡입하기만 하는 진공청소기와 달리, 로봇청소기는 우선 청소솔로 먼지를 쓴 뒤 진공으로 빨아들인다. 진공청소기는 모터가 고속으로 회전날개를 돌리면서 내부를 진공 상태로 만든 후, 흡입구를 통해 공기가 들어올 때 먼지도 함께 빨아들이는 원리를 이용한 기기이다. 이렇게 빨아들인 먼지는 필터에서 걸러지고 공기는 배기구로 배출되는데, 로봇청소기에 달려 있는 진공청소기 또한 이런 일반 진공청소기와 큰 차이가 없다.

로봇청소기가 일반 진공청소기와 다른 점은 가장 효율적인 동선을 계산하여 자동으로 청소를 한다는 것이다. 로봇청소기는 내부에 장착된 고감도 센서를 통해 청소할 공간의 크기와 시간을 파악, 상황에 따라 스스로 방법을 변경해 가며 청소를 한다. 방을 한 바퀴 빙 돌고 나서 청소할 영역에 대한 정보를 바탕으로 자신이 계산한 특정 각도로 움직이는 것이다.

이때 다양한 장애물을 감지하기 위해 청소기에는 초음파 센서가 장착된다. 초음파는 주파수가 높고 파장이 짧기 때문에 아주 작은 물체에 부딪치더

초음파 : 사람의 귀가 들을 수 있는 음파의 주파수는 일반적으로 16~20kHz의 범위의 것인데, 주파수가 20kHz를 넘는 음파를 초음파라고 한다.

라도 상당히 강한 진동을 만들어 낸다. 따라서 초음파를 비춘 후 그 반사파를 감지하면 물체의 존재를 정확하게 알아낼 수 있다.

또 로봇청소기는 낭떠러지 인식 시스템이 내장돼 있어 계단 등의 높은 위치를 스스로 감지할 수 있다. 낭떠러지를 인식하는 센서는 적외선 센서이다. 환국은 적외선 센서가 열을 감지하는 데에만 사용되는 것으로 알고 있었는데 실은 그렇지 않았다. 적외선을 쏜후 반사되는 양을 측정하면 거리를 측정하기도 매우 쉽다. 이러한 원리를 로봇청소기에 적용시킨 것이다.

지금 각 가정마다 개인용 컴퓨터가 있는 것처럼, 불과 10~20년 후에는 청소를 말끔히 해 주는 로봇이 모든 가정에 보급돼 인간과 로봇이 공존하는 사회가 펼쳐질 것이다. '인간이 해야 할 일을 로봇이 다 해 준다면 인간이 설 자리를 잃지 않겠느냐'고 걱정하는 사람도 있지만, 또 하나의 가사노동에서 해방될 수 있는 사람들의 입장에선 함박웃음을 웃을 일이다.

환국은 20년 후의 자신의 모습을 상상한다. 힘든 가사노동은 모두 로봇에게 맡기고, 단란한 가정을 꾸미며 아내와 아이들과 오순도순 정겹게 살아가고 있을 생각에 젖으니 흐뭇하기만 하다.

07

풀어야 할 과제, 에어컨

액체가 기체로 변하는 증발 현상

– 10:30 a.m.

오랜만에 집안일을 도운 환국의 몸에서는 식은땀이 주르르 흐른다. 그 수고를 알아주듯 거실에는 에어컨 실외기가 윙윙 소리를 내며 돌아간다. 에어컨이 없다면 이 무더운 여름을 어떻게 지낼 수 있었을까? 참 고마운 물건이다.

어느덧 시원해진 환국은 새삼 에어컨의 발명 동기를 떠올리고는 피식 웃는다. 그도 그럴 것이, 차가운 바람을 일으켜 한여름에도 시원함을 선사하는 위력과는 다르게 에어컨의 발명은 우연찮은 동기로 이뤄졌기 때문이다.

에어컨을 발명한 사람은 미국인 윌리스 캐리어이다. 그는 1902년 코넬대학을 졸업한 뒤 바로 뉴욕 주의 한 기계설비회사에 입사하였다. 입사 직후 뉴욕 브루클린의 한 출판사가 '한여름의 무더위와 습기로 종이가 멋대로 수축하고 팽창하여 도무지 깨끗하게 인쇄를 할 수 없다'는 고민을 털어놓는 이야기를 들은 20대 초반의 젊은 캐리어는 해법을 생각해 낸다. '뜨거운 증기를 파이프로 순환시켜 공기를 따뜻하게 만드는 난방이 가능하다면, 차가운 물을 이용한 냉방도 가능하지 않을까'라는 것이 그것이었다. 사실 이 발상은 로마제국부터 시작된 것으로, 로마에서는 높은 산에 남아 있는 눈을 궁정으로 가져와 여름을 시원하게 보냈다고 한다. 19세기에는 말라리아 환자들의 병실 천장에 얼음을 담은 그릇을 매달아 놓고 부채 등을 이용해 바람을 일으키기도 했다.

여름철 최고의 휴양지, 백화점과 은행!

무더위는 사람을 무기력하게 만든다. 그래서인지 여름만 되면 아무 일 없이도 사람들은 백화점과 은행에 자주 들른다. '에어컨이 있는 곳'이 공통점인 이곳들은 무더운 여름을 시원하게 보내기 위해 알뜰한 사람들이 선택하는 최고의 피서지이다.

에어컨은 전기의 에너지를 이용하여 실내기를 통해 실내의 열을 끌어 모으고, 실외기를 통해 그것을 바깥으로 내보냄으로써 실내 공기의 온도를 낮추는 장치이다. 즉, 에어컨은 일종의 열 운반기인 셈이다.

열은 높은 온도의 물질에서 낮은 온도의 물질로 이동한다. 더운물과 찬물을 섞으면 미지근한 물이 되는 이유를 과학적으로는 '열이 더운물에서 찬물로 이동했기 때문'이라고 설명한다. 그런데 만일 열의 이동을 반대로 바꿀 수 있다면 어떻게 될까? 이런 상상의 산물이 바로 에어컨이다. 에어컨은 물질의 상태 변화를 이용해 열의 이동 방향을 반대로 바꾸는 기계이기 때문이다. 이것의 실현을 위해서는 전기 에너지와 냉매가 필요하다. '냉매'는 '시원하게 만드는 것을 도와주는 물질'이란 뜻이다.

윌리스 캐리어(Wills H. Carrier, 1876~1950) 1920년에 최초의 에어컨 시스템을 발명하였다.

🛩️ 에어컨의 핵심은 액체의 '증발 현상'

한여름 뜨겁게 달아오른 시멘트 마당에 물을 뿌리면 물이 금세 증발하면서 시원해지는 것을 경험해 본 적이 있을 것이다. 물론 찬물을 뿌렸기 때문에 시원한 느낌이 들 수도 있겠지만, 이는 액체 상태의 물이 말라 기체 상태의 수증기로 변하는 과정에서 주위의 열을 빼앗아 가기 때문에 일어나는 현상이다. 알코올로 피부를 소독할 때에도 소독한 부위에 차가운 느낌이 드는데, 이것 역시 마찬 가지로 알코올이 주위로부터 열을 빼앗아 기체로 증발하기 때문이다. 바람이 불어서 땀이 증발하면 시원하게 느껴지는 것도 그런 이유이다. 에어컨은 이와 같이 물질이 상태의 변화를 일으킬 때 생기는 온도와 압력의 변화를 이용한 기기이다.

에어컨의 핵심은 액체가 기체로 변하는 증발 현상이다. 액체 분자가 기체 분자로 변하려면 주위에서 열을 흡수해야 하는데, 이러한 성질을 이용한 것이 냉방의 원리이다. 에어컨은 프레온가스를 냉매로 사용하는데, 액체 상태의 프레온가스가 방 안의 열을 흡수하여 기체로 바뀌며 온도를 낮추는 것이다.

증발 : 액체 표면의 분자 중에서 가장 에너지가 높은 입자들이 분자 간의 결합을 끊고 기체상으로 튀어나와 기화되는 것 증발이 일어날 때 주변이 시원해지는 것은 열의 흡수가 일어나기 때문이며 이때 관여하는 숨은 열을 증발열이라 하고 고체가 기체로 변화하는 것을 승화라고 한다.

프레온가스 : 메탄, 에탄과 같은 가장 기본적인 탄화수소 화합물에서 수소 부분을 플루오르(불소)나 다른 할로겐 원소로 치환한 물질 화학적으로 안정한 성질 때문에 냉장고, 에어컨 등의 냉매로 이용되었으며 발포제, 스프레이나 소화기의 분무제 등에도 사용되었다.

에어컨의 주요 구성 요소로는 압축기와 응축기, 팽창밸브와 증발기 등이 있다. 에어컨은 야구 경기 시 4각의 마운드에서 선수들이 도는 것과 같은 이치로 작동된다. 각 4각 지점에서 수비선수(압축기, 응축기, 팽창밸브, 증발기)들이 공격선수(냉매)의 흐름을 제어하는 역할을 하는 것이다.

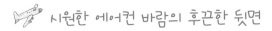 ## 시원한 에어컨 바람의 후끈한 뒷면

이와 같은 에어컨의 원리를 좀 더 자세히 살펴보자. 에어컨의 순환 과정을 실내기 쪽에서부터 살펴보면 다음과 같다. 우선 냉매인 프레온가스는 액체 상태에서 실내로 들어가 실내기 내부 증발기에서 증발하여 기체로 바뀌는데, 이때 실내의 열을 끌어들여(냉매 입장에서 보면 열을 얻어) 주위 온도를 낮춘다. 이와 같이 실내기 내부 공기가 차가워지면 증발기 뒤쪽에서 팬(fan)이 회전하면서 그것을 찬 바람으로 내보내는 것이다. 동시에 실내기에서 증발하여 기체가 된 프레온가스는 다시 압력을 받아 액체 상태로 바뀌어 이 과정을 반복한다.

액체인 냉매가 기체로 바뀌며 주위의 열을 빼앗는다는 것은 쉽게 이해된다. 그런데 기체가 된 냉매인 프레온가스는 어떻게 다시 액체로 바뀔까? 환국은 그것이 아리송하다.

비결은 바로 '높은 압력'이다. 에어컨의 기체 냉매는 실외기의 압축기와 응축기에 의해 액체 상태로 바뀌어 다시 순환된다. 냉매에 힘을 주어 실내기와 실외기를 순환하게 하는 것이 압축기로, 이는 사람에 비하면 심장과 같다고 할 정도로 에어컨에서 가장 중요한 부분이다. 압축기가 멈추면 심장이 멈추듯 에어컨은 생명을 다 하고 만다.

압축기에서 냉매를 강하게 압축하면 냉매의 압력과 온도가 모 두 상승한다. 이 과정을 통해 고온·고압 상태가 된 프레온가스는 열교환 파이프인 응축기를 통과하면서 다시 액체로 바뀐다. 이때 냉매인 프레온가스는 열을 잃게 되고, 그 열은 실외기를 통해 밖으 로 보내진다. 그래서 에어컨 실외기 주변은 밖의 온도에 실내의 열 까지 더해져 더 뜨거운 것이다.

에어컨의 열량은 얼마일까?

우리 주변에서도 프레온가스와 같은 물질의 성질을 이용한 것 이 있다. 바로 일회용 라이터다. 라이터 안에는 분명 액체 상태의 부탄이 들어 있지만, 라이터를 켜는 순간 그것은 곧바로 기체로 바 뀐다. 압력이 바뀌었기 때문이다. 이는 물질의 상태가 압력에 따라 기체가 될 수도, 액체가 될 수도 있다는 증거이다.

다시 에어컨 이야기로 돌아와 보자. 액체 상태로 바뀐 냉매는 팽창밸브를 지나면서 압력이 급격하게 떨어진다. 압력이 낮은 산 위에서는 물이 쉽게 끓는 것과 마찬가지로 이 상태의 냉매는 쉽게 증발되는데, 이때 주위로부터 열을 빼앗기 때문에 온도는 급격히 떨어진다. 즉, 에어컨의 실내기는 이러한 증발 과정을 일으키면서 열교환기를 통해 차가운 공기를 만들어 내는 것이다.

에어컨의 능력은 냉동톤, 즉 냉동t이라는 단위로 표시한다. 우리는 일본식의 냉동t을 사용하고 있는데, 1냉동t은 시간당 0℃의 물 1t을 같은 온도의 얼음으로 만들 수 있는 열량이다. 0℃의 얼음 1kg이 같은 온도의 물로 변하려면 주변으로부터 79.68kcal의 열을 흡수해야 한다. 따라서 1냉동t은 79.68kcal/kg×1,000kg/24시간=3,320kcal/시간이다. 보통 가정에서 쓰는 에어컨은 약 2냉동t의 용량을 가지므로, 이 에어컨의 능력은 6,640kcal/시간으로 볼 수 있다. 따라서 여름철 석 달 동안 하루 8시간씩 에어컨을 가동한다고 가정하면, 필요한 열량은 6,640kcal/시간×8시간/일×90일=4,780,800kcal이다.

에어컨이 없었다면 오늘의 싱가포르는 없었을 것이다?

앞에서도 말했듯이 미국의 윌리스 캐리어가 에어컨을 만든 것이 1902년 7월 17일이니, 이는 세계 최초의 에어컨이 탄생한 지 100년이 넘었다는 것을 뜻한다. 에어컨의 등장은 냉방의 차원을 넘어 현대 문명에 큰 변혁을 가져왔다. 각종 의약품과 화학약품의 생산, 우주비행사의 달나라 여행, 개폐 창문이 없는 유리 건축물, 사막 지역 개발, 박물관에서의 예술품 보관 등은 에어컨이 없이는 생각하기 어렵다. 덥고 습한 싱가포르에 대해 '에어컨이 없었다면 오늘의 싱가포르는 없었을 것'이라고 말하는 사람들도 있다.

그러나 복합화학제인 프레온가스를 냉각제로 사용한다는 점에서 에어컨은 지구 오존층 파괴의 주범으로 지탄받기도 한다. 또한 사람으로 하여금 대자연 대신 시원한 방 안에만 틀어박히게 만든 발명품이라는 비난을 받기도 하고, '에어컨 끄기 운동'이 벌어지기도 한다. 아무리 날씨가 무더워도 쾌적한 실내에서 생활할 수 있도록 한 이 귀한 발명품이 한편으로는 숙제도 남긴 셈이다. 에어컨을 발명한 것이 인간이듯, 이 숙제를 해결해야 하는 것도 인간이어야 할 것이다.

08

오염된 공기의 재탄생, 공기청정기

필터를 이용한 관성과 인력의 원리

- 10:40 a.m.

깨끗하게 청소하고 난 뒤의 쾌적함과 에어컨의 시원한 바람으로 환국은 기분이 좋다. 여기에 에어컨 옆에 놓인 공기청정기가 실내의 공기마저 맑은 공기로 바꿔 줘, 기분을 최상의 상태로 올려놓는 데 한몫한다. 그러고 보니 집 안은 온통 첨단 전자제품으로 가득하다. 더위를 식혀 주는 에어컨부터 깨끗한 공기를 마시고 싶어하는 사람들의 요구에 맞춰 공기청정기까지 돌아가니 과학천국이 따로 없다.

　'생명'과 연관된 '산소'의 중요성은 끊임없이 대두되어 왔다. 집 안의 나무나 꽃이 죽지 않고, 숲 속 공기처럼 깨끗한 산소를 마시면 머리도 맑아져 공부가 잘된다고 하여 너도나도 하나쯤 들여놓은 제품이 공기청정기이다. 이 집에 공기청정기가 입성하게 된 동기도 순전히 환국이의 성적 향상을 위해서였다. "자연 산소를 마시면 수명이 배로 연장되고, 환국이 성적도 올라간대요." 하면서 웰빙 바람을 부채질하는 어머니의 언변에 아버지가 꼼짝없이 당하신 것이다. 그런데 그 논리라면 공기청정기는 환국의 방에 있어야 하는데, 어느새 거실로 나와 자리 잡고 있으니 참 이상하다.

　어쨌든 어머니의 '아들 사랑' 덕분에 이렇게 맑은 공기를 마실 수 있으니 감지덕지할 일이다. 코끝으로 들어오는 공기가 자연 산소만큼은 아닐지라도 신선하고 깨끗해서 환국이의 기분을 붕 뜨게 만든다. 지금 환국이의 컨디션은 최고이다.

✈ 화학 물질로 가득 찬 세상

보통 현대인은 하루의 90% 이상을 실내에서 지낸다. 그런 까닭에 실내에서 발생하는 오염물질은 인체에 많은 영향을 미치는데, 그 피해 정도는 실외 오염에 비해 무려 10배 이상이다. 실내 공기를 더럽히는 주범은 음식을 만드는 과정에서 생기는 연소물질, 실내 흡연, 외부에서 들어온 오염된 공기 등이다.

집이란 휴식과 재충전의 역할을 해야 하는 곳임에도 불구하고, 우리가 알지 못하는 유해물질로 가득 찬 오염 천국인 것이 사실이다. 바닥재와 시멘트는 인체에 유해한 화학 물질을 함유하고 있고, 이 외에도 카펫과 소파의 진드기, 집먼지 등 셀 수 없이 많은 것들이

진드기 진드기과 및 애기진드기과의 작은 거미류. 몸길이는 0.2~10mm로, 사람이나 가축의 피를 빨아먹는 흡혈 진드기류 중에는 약 2~10mm인 것도 있다.

인간을 자극하고 공격하여 내분비 이상을 초래한다. 이는 아이들의 아토피 피부염과 이름 모를 두통이나 만성 피로를 초래하는 이유이기도 하다. 직장인이 하루의 대부분을 보내는 회사나 실내 작업장도 인체에 해로운 화학 물질들로 가득하다. 이럴 때 필요한 것이 바로 공기청정기이다.

✈ 모래와 자갈을 체로 걸러 내듯이 확실하게!

공기청정기는 공기에 섞인 다양한 불순물들을 걸러 내 맑은 공

기를 공급해 준다. 공기를 기기 내부로 흡입하여 여러 가지 필터를 통과시킴으로써 공기보다 큰 입자인 불순물들은 걸러 내고, 공기처럼 작은 입자는 통과시켜 정화된 공기만을 바깥으로 내보내는 것이다. 그런데 공기보다 크다고는 해도 우리의 눈에 보이지 않을 정도로 아주 작은 입자들을 어떻게 걸러 내는 것일까? 환국은 그 작은 입자들을 걸러내는 과학기술이 한편으론 신기하면서도 또 한편으론 마치 공상과학소설에 나오는 것처럼 여겨지기도 한다.

공사장에서 고운 모래와 자갈을 분리하는 체를 생각하면 공기청정기의 원리를 이해하기 쉽다. 고운 모래는 체의 균일한 구멍을 쉽게 빠져 나가지만 입자가 큰 자갈이나 작은 돌멩이들은 체에 걸리듯이, 공기가 깨끗해지는 과정도 마찬가지이다. 다행히도 우리가 호흡하는 데 필요한 순수한 공기들은 대부분 산소, 질소와 같이 작은 분자로 이루어져 있고, 먼지와 각종 세균들은 입자의 크기가 공기에 비해 상당히 크다. 따라서 모래와 자갈을 체로 분리하듯 필터를 이용하면 더러워진 공기를 여과할 수 있다.

공기 재탄생의 네 가지 원리

공기청정기의 청정 기능은 공기 중의 먼지 입자를 거르는 방식에 따라 크게 필터 방식(여과집진 방식)과 전기집진 방식으로 구분된다. 가장 일반적으로 사용되는 것은 필터 방식으로, 섬유 필터를 이용

관성 : 물체에 가해지는 외부 힘의 합력이 0일 때 자신의 운동 상태를 지속하는 성질. 모든 물체는 자신의 운동 상태를 그대로 유지하려는 성질이 있다. 정지한 물체는 계속 정지해 있으려 하고, 운동하는 물체는 원래의 속력과 방향을 그대로 유지하려 한다. 그러므로 정지 상태의 책상을 옆으로 밀 때, 날아오는 야구공을 잡아서 멈추게 할 때 또는 굴러오는 축구공의 방향을 바꿀 때 우리는 물체에 힘을 가해야만 한다.

해 먼지 입자를 걸러 내는 것이다. 필터는 기본적으로 다른 물질들 중에서 하나의 물질을 분리해 내는 도구로, 공기청정기의 생명은 필터라 해도 과언이 아니다. 이해하기 쉽지만 여기에는 제법 다양한 과학적 원리가 응용된다. 공기 속의 불순물들이 필터에 걸리는 것을 '잡힌다'고 표현하는데, 이 과정에는 크게 네 가지 원리가 작용한다.

첫째는 관성 효과를 이용한 원리로, 입자가 공기의 흐름을 따라가다가 필터를 구성하는 섬유를 만나면 관성에 의해 필터에 충돌하면서 잡히는 것이다. 두 번째는 작은 입자들이 공기의 흐름과 관계없이 자유롭게 움직이다가 필터의 섬유에 충돌하며 잡히는 확산효과의 원리이다. 세 번째는 차단 효과로, 크기가 비교적 큰 입자들이 필터와 필터의 섬유 사이에 끼는 것이다. 마지막으로는 인력(끌어당기는 힘) 효과로, 공기 흐름에 의해 필터 섬유에 접근한 입자가 섬유와의 인력에 의해 잡히는 원리이다. 필터는 이런 관성, 확산, 차단, 인력 효과들을 복합적으로 이용, 불순물을 잘 걸러 낸다.

다양한 종류의 필터

필터 방식의 공기청정기는 일반적으로 몇 개의 필터를 사용한다. 오염된 공기를 팬으로 흡입한 뒤, 몇 개의 필터로 먼지나 세균류를 걸러 내야 하기 때문이다. 기본적으로 입자가 큰 섬유 먼지 등을 1차로 거른 뒤, 입자가 작은 미세먼지 등을 2차로 걸러 낸다.

필터식은 크게 3단계 필터를 채용한다. 1단계는 입자가 큰 섬유 먼지를 걸러주는 필터이고, 2단계는 미세먼지를 걸러주는 필터이다. 3단계는 냄새를 제거해 주는 활성탄 필터이다.

1단계에서는 프리 필터와 중간 필터를 거친다. 가장 먼저 큰 먼지를 걸러 주는 필터는 프리 필터이고, 이곳을 지난 공기는 전체 먼지의 60~90%를 걸러 내는 중간 필터를 통과한다. 그래도 걸러지지 않은 먼지는 2단계의 헤파(HEPA : High Efficiency Particulate Air) 필터에서 걸러 낸다. 헤파 필터는 반도체 공정에 사용되는 것으로, 미세한 먼지까지 걸러 내는 필터이다. 가정에서 보편적으로 사용하는 공기청정기는 이 헤파 필터까지 갖춘 것이다.

여기에 냄새를 제거해 주는 3단계의 필터를 사용하는 제품도 있다. 3단계 필터는 항균성이 있는 은나노 입자를 사용하여 살균력을 강화하기도 하고, 구멍이 숭숭 뚫린 활성탄을 사용하여 많은 냄새 입자를 제거하기도 한다.

활성탄 : 높은 흡착성을 지닌 탄소질 물질. 목탄 따위를 활성화하여 만드는 것으로, 다공질이어서 색소나 냄새를 잘 빨아들이므로 탈색·정제·촉매·방독면 따위에 쓰인다.

세계적으로 공기청정기의 주류를 이루는 헤파 필터는 $0.3\mu m$ 입자에 대하여 99.97% 이상의 집진 효율을 갖는 필터로, 바이러스, 담배 연기, 석면가루 등 공기 중에 존재하는 대부분의 미세먼지를 잡아낸다. 보통 $10\mu m(10^{-6}m)$보다 큰 먼지나 미립자들은 사람의 코와 기관지를 거치면서 걸러지기 때문에 폐까지 들어가지 않는다. 하지만 박테리아 크기인 0.3μm에 가까운 미세먼지는 호흡계의 중추기관인 폐로 들어가 인체의 방어 체계에 큰 영향을 준다. 이런 미세먼지를 정화해 내는 필터가 헤파 필터이다.

원자력 연구소에서 처음 개발된 헤파 필터

필터의 종류에 따라 다르지만, 대개 공기청정기에서는 0.3μm 전후의 크기인 0.1~0.5μm의 먼지 입자들이 가장 잘 걸러지지 않는다. 그것은 0.3μm를 기준으로 입자의 운동이 다른 법칙의 지배를 받기 때문이다.

질량이 클수록 물질은 운동을 그대로 유지하려는 관성이 커진다. 0.3μm보다 큰 입자는 바로 관성 때문에 쉽게 걸러진다. 즉, 공기가 내부의 필터로 막혀 있는 부분을 지나기 위해 흐름이 휠 경우, 큰 입자는 그 흐름을 타지 못하고 필터의 벽면에 충돌하고 마는 것이다.

브라운 운동(Brownian motion)
: 액체나 기체 안에 떠서 움직이는 미세입자의 불규칙한 운동. 물체가 전체적으로는 움직이지 않는 평형 상태라도 물체를 이루는 미세입자는 열 운동을 하고 있어서 다른 미세입자와 부딪치면서 병진 운동을 하기 때문에 일어나는 현상이다. 물에 떠 있는 꽃가루의 운동, 냄새의 확산현상 등에서 브라운 운동의 예를 살펴볼 수 있다.

0.3μm보다 약간 작은 입자의 경우는 브라운 운동을 한다. 미세입자는 공기 흐름을 따라 이동하기는 하지만, 그 경로를 자세히 살펴보면 매우 불규칙적이기 때문에 벽면에 부딪치고 만다. 그러나 0.1~0.5μm 크기의 입자는 관성과 브라운 운동에 완전히 지배받지 않는 애매한 영역에 속하고, 이

때문에 가장 잘 걸러지지 않는 것이다. 이 영역의 먼지를 가장 잘 걸러 내는 것이 바로 헤파 필터이다.

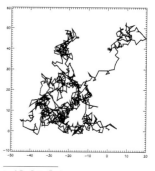

브라운 운동 측정 그래프

헤파 필터는 제2차 세계대전 때 원자력 연구원들의 건강에 위험을 끼칠 수 있는 대기 중의 방사성 미립자를 정화하기 위해 처음으로 개발된 공기 정화 필터이다. 이 필터는 합성섬유나 유리섬유를 종이처럼 아주 얇게 만든 다음, 그것에 주름을 잡은 것이다. 주름을 잡는 이유는 표면적이 넓어야 공기를 거르는 효과 또한 커지기 때문이다.

중요한 것은 필터 내의 수분을 모두 제거해야 한다는 점이다. 그 이유는 헤파 필터에 걸린 박테리아와 바이러스를 건조한 필터 내에서 수분 결핍으로 죽여야 하기 때문이다. 세균에 민감한 병원 같은 곳에서는 수분 결핍 외에 자외선 살균 방법으로 공기를 정화하기도 한다. 이는 자외선을 쪼이면 세균의 DNA가 파괴돼 죽는 효과를 이용한 것이다.

음이온 공기청정기의 숨겨진 모순

먼지를 모으기 위해 필터에 강한 전하를 걸어 주는 방식도 있다. 냄새를 일으키는 미세입자가 전기를 띤 물체에 쉽게 달라붙는

코로나(corona) 방전 : 송전선 사이나 송전선과 대지 사이에서 일어난다.

성질을 이용한, 이른바 전기집진 방식 공기청정기가 그것이다.

필터 방식과 마찬가지로 전기집진 방식에서도 처음 유입된 공기는 프리 필터를 지난다. 이를 통과한 먼지 입자들은 **코로나 방전**〔두 전극 사이에 높은 전압을 가하면 불꽃을 내기 전에 전기장의 강한 부분만이 발광하여 전도성(傳導性)을 갖는 현상〕을 통해 발생하는 양이온이나 음이온과 결합하면서 전기를 띠게 된다. 전기를 띤 먼지 입자는 양극과 음극이 번갈아서 나타나는 집진판을 지나면서 제거된다. 예를 들어 음이온을 띠는 먼지 입자는 양극이 나타나는 집진판에 모이게 된다.

숲 속과 같은 좋은 공기 환경을 만들어 준다는 음이온 공기청정기는 코로나 방전을 이용해 음이온을 방출하는 것이다. 물론 음이온 공기청정기라고 해서 모두 전기집진 방식은 아니다. 어떤 방식이든 음이온 정화 방식은 음이온을 발생시켜 양전하를 띠고 있는 오염된 먼지나 양이온을 중화시켜 준다.

음이온 공기청정기의 궁극적인 목적은 숲 속이나 계곡에서 마시는 깨끗한 공기를 만든다는 것이다. 그러나 음이온 정화 방식은 정화 과정에서 적지 않은 오존을 발생시킨다는 모순점을 가지기도 한다. 지나친 오존의 발생은 오히려 불쾌감을 유발할 수도 있으므로 음이온의 효능을 과신하는 것은 금물이다.

공기청정기의 원리를 알고 난 환국은 안도의 숨을 쉰다. 그리고 있어야 할 곳에 자리를 차지하고 있는 공기청정기에게 고마움의

표시로 살짝 윙크하며 중얼거린다. "공기청정기야, 거실에 있길 천

만다행이다. 만일 내 방에 있었더라면, 음이온 덕분에 내 머리가

좋아질 것이라고 생각하시는 어머니가 '왜 성적은 오르지 않느냐'

고 얼마나 성화셨겠니? 오존이 쏟아지는 줄은 전혀 모르시고……,

안 그래?"

09

차가운 과일의 비밀, 냉장고

기화열을 이용한 원리

– 11:00 a.m.

환국이 얼추 집 안 정리를 끝낸 것은 오전 11시경이다. 땀을 많이 흘린 탓인지 목이 칼칼하다. 그는 냉장고에서 시원한 물을 꺼내 단숨에 들이킨다. 역시 갈증에는 시원한 물이 최고이다. 냉장고에서 보관돼 있던 물은 환국의 목을 확 뚫을 만큼 차갑다.

냉장고에 대한 환국의 생각은 남과 조금 다르다. 사람이라는 동물이 저지르는 멍청한 행동 중의 하나가 냉장고 사용이라고 생각하기 때문이다. 겨울에는 추우니까 방을 따뜻하게 해 놓고는 방이 따뜻하니 음식 상할 것이 염려되어 음식을 얼리는, 인간의 어리석은 행동의 소산이 바로 냉장고라는 것이다. 그러나 이 순간만큼은 그런 생각이 싹 달아난다. 냉장고는 마치 갈증 난 환국의 목을 얼음장처럼 차갑게 하기 위해 자신의 몸을 뜨겁게 달구는 희생양처럼 느껴진다.

환국은 냉장고를 열 때마다 납득할 수 없는 의문 때문에 괴롭다. 분명 냉장고는 차게 만들거나 얼게 만드는 기능을 가진 장치이고, 그래서 얼음을 얼리는 냉동실이라는 공간도 만들어 놓고서는 왜 정작 그 이름은 '차게 만드는 기능'만을 의미하는 '냉장고'인 것인지 도무지 이해할 수 없다. 이 의문이 없어지려면 냉동실이 없고 냉장실만 있는 냉장고가 등장해야 할까? 역시 의문이다.

🛩 에어컨과 냉장고는 친척 관계?

에어컨과 냉장고는 친척뻘이다. 에어컨과 냉장고의 원리는 거의 같은데, 다른 점이 있다면 에어컨은 응축기가 집 밖에 있지만 냉장고는 집 안에 있다는 것이다. 에어컨처럼 냉장고도 안에 있는 더운 공기와 습기를 밖으로 내보내고 찬 공기는 냉장고 안으로 끌어들임으로써 음식을 오랫동안 보관하는 기능을 한다.

액체 상태의 냉매가 팽창하면서 기체로 바뀔 때 주위로부터 열을 빼앗는 원리는 냉장고에도 적용된다. 그래서 에어컨과 마찬가지로 냉장고 역시 응축기에서 기체 상태의 냉매를 다시 액체로 만드는 과정에서 열을 방출한다. 이의 조절을 위해 냉장고에는 응축기라는 전기 펌프가 달려 있다. 액체가 기화하면 열을 흡수하고 응축하면 열을 방출하는, 액체의 기화와 응축을 통해 온도를 낮추는 방식의 작동 원리는 에어컨과 똑같다.

응축: 기체가 액체로 변화하는 현상. 일정 압력에서 냉각시켜 어떤 온도 이하로 낮추든가, 일정 온도에서 압력을 가하여 그 물질의 포화증기압을 넘을 때 나타난다.

냉장고의 핵심은 냉각기에 있다. 냉각기는 열을 이동시키는 물질인 냉매를 계속해서 압축·순환시켜 냉장고 안의 온도를 낮게 유지시키는 장치이다. 냉동 순환 과정을 가동시키는 동력의 전달자는 운전제어 장치인데, 이것과 함께 냉장고 내부의 온도를 일정하게 유지해 주는 온도조절 장치와 히터가 작용해 냉장고에 낀 서리도 없애 준다.

냉장고 안의 구불구불한 관 안에는 냉매가 들어 있는데, 이 냉매는 냉장고 바닥의 압축기로 들어갔다가 압축되어 나온다. 압축된 냉매는 냉장고 뒷면의 와이어응축기를 통과하면서 차갑게 냉각된다. 냉매가 응축기를 지날 때에는 높은 압력이 가해지는데, 그 과정에서 열을 발산시키며 냉매는 액체로 바뀐다. 응축기가 냉매를 압축하는 과정에는 에너지가 필요하므로 보통 전기를 이용하여 필요한 에너지를 충당한다.

이어 압축된 액체 냉매는 좁은 모세관을 지나 서서히 팽창하여 냉장실을 지나간다. 냉장실 안을 지날 때에는 관이 넓어져 온도와 압력이 낮아지면서 증발기를 통해 급속하게 기체로 변한다. 그와 동시에 냉장실 안의 열을 빼앗아 냉장고 온도를 급격히 떨어뜨린다. 이 과정은 피부에 알코올을 바르고 증발시키는 것과 같다. 이후 냉매 가스는 다시 압축기로 돌아가 이 과정을 계속 반복하고, 그로 인해 지속적인 냉동·냉장이 가능해지는 것이다.

기체 상태의 냉매가 액체로 변하면서 내는 열은 송풍기를 통해 밖으로 나온다. 냉장고 뒤쪽에 후끈후끈한 열이 느껴지는 것은 바로 이 때문이다. 덧붙여 냉장고에서 '윙' 소리가 나는 것은 펌프를 돌리는 모터가 얇은 관을 통해 냉매를 순환시키고 있기 때문이다.

냉장고 속 과일의 단맛의 비밀은?

환국은 밖에 놔둔 과일보다 냉장고에서 꺼낸 과일을 먹을 때 더 달고 시원하다고 느낀다. 눈에 보이지 않는 냉장고의 힘 때문에 그러한 것일 거라 생각하지만, 사실 어떤 작용 때문에 그런 효과가 발생하는지는 잘 모른다.

과당(fructose) : 꿀이나 단 과일 속에 들어 있는 당. 흰색 가루로 물과 알코올에 녹으며, 단맛이 있고 발효하면 알코올이 된다.

환국의 느낌대로 과당이 많은 과일은 냉장고에서 꺼내 먹어야 더 달고 제맛이 난다. 설탕의 단맛을 100이라 할 때 과당의 단맛은 115 전후이다. 과당이 설탕보다 더 단맛을 내는 것이다. 과당의 단맛 값이 115 전후로 일정하지 않은 까닭은 단맛의 정도가 온도에 따라 변하기 때문이다. 그렇다고 과일 속의 과당 함량이 온도에 따라 변한다는 의미는 아니다. 과일 속에는 언제나 일정량의 과당이 들어 있다. 단지 그 형태와 비율이 달라져 단맛 또한 달라지는 것일 뿐이다.

과당은 알파형과 베타형이 섞여 수분에 녹아 있는 형태로, 베타형은 알파형에 비해 3배나 달다. 그런데 과일 속에 있는 알파형 과당과 베타형 과당 비율이 온도에 따라 변화하기 때문에 같은 과일이라도 단맛의 차이가 생기는 것이다. 온도가 내려가면 알파형이 베타형으로 바뀌어 과일 속에 베타형이 많아지고, 반대로 온도가 올라가면 알파형이 많아진다. 따라서 온도가 내려간 냉장고 속의 차가운 과일이 더 달게 느껴지고, 후덥지근한 밖에 방치된 뜨뜻한 과일이 덜 달게 느껴지는 건 당연한 이치이다. 이러한 원리 때문에 냉장고의 매력이 넘칠 수밖에 없는 것이다.

냉장고 문을 열어 두면 방 안 온도가 높아진다

환국은 냉장고에서 나오는 시원한 냉기로 잠시나마 더위를 잊어 볼까 하여 에어컨 대신 냉장고 문을 아예 열어 둘 때도 많다. 그러나 이러한 행동은 실내의 온도를 더욱 높이는 잘못된 결과를 낳는다. 냉장고 문을 열어 두면 무거운 냉기는 아래로 빠져나가고 방 안의 더운 공기가 냉장고 안으로 들어오게 된다. 그러면 잠시 쉬고 있던 냉장고가 다시 열심히 응축기 모터를 돌려 냉장고 안의 온도를 낮추려 하고, 따라서 냉장고 뒷면으로 방출되는 열은 점점 더 많아져 방 안 온도를 높이는 것이다.

하지만 같은 냉장고라도 김치냉장고는 문을 열어 두어도 갑자기 열을 내지 않는다. 김치냉장고는 무거운 냉기가 밖으로 나오지 못하게 문을 서랍식이나 위에서 열도록 만들어 놓아 냉장고 안의 온도 변화가 심하지 않기 때문이다.

아, 역시 아는 게 힘이다. 그동안 무지의 소치로 전기도 많이 소모하고 실내도 더 덥게 만드는 실수를 이중으로 범했으니, 환국은 아예 냉장고 안에 숨어 버리고 싶다.

 ## 세계 유일의 우리 가전제품, 김치냉장고

"김치 없이 밥을 먹는다는 건 상상할 수 없다." 식탁에서 환국이

한국인의 식탁에서 빠지지 않는 김치

미생물(microorganism) : 육안의 가시한계를 넘어선 0.1mm 이하의 크기를 가진 미세한 생물. 주로 단일세포 또는 균사로 이루어져 있고 생물로서 최소 생활단위를 영위한다. 식품, 의약품 등 생산공업이나 수질 환경 및 토양의 지력 보존 등에 이용된다.

늘 주장하는 말이다. 그의 말처럼, 우리 식단에서 빼놓을 수 없는 김치는 음식을 넘어서 우리 민족과 결코 뗄 수 없는 우리 문화이다. 김치는 만들어지는 과정에서 발생하는 각종 화학반응 덕분에 비타민과 유기산 등 유익한 성분을 풍부하게 함유하고 있다. 따라서 김치는 배추와 양념이 단순하게 버무려진 음식이 아닌, 미생물의 활동에 의해 복합적인 발효 반응이 일어나는 '과학적' 음식이다.

이제 웬만해서는 김치를 모르는 외국인이 없을 정도로 김치는 한국의 자존심이 되었다. 그리고 그 맛을 지키기 위해 냉장고도 한국형으로 탈바꿈했으니, 바로 세계 유일의 가전제품인 김치냉장고가 그것이다.

냉장고의 온도 조절 방식은 크게 직접냉각식과 간접냉각식으로 나뉜다. 직접냉각식은 아이스크림 냉장고처럼 냉장고 벽면 안쪽을 따라 냉각파이프를 촘촘히 내장하여 바로 냉기가 나오는 형태이고, 간접냉각식은 냉각팬에 의해 냉기를 순환시키는 방식이다. 일반 냉장고는 냉기를 이용해 냉각하는 간접냉각식이다. 반면 김치냉장고는 냉장실 자체를 통째로 차갑게 냉각하는 직접냉각식으로, 한겨울에 김장독을 땅속에 묻은 것과 같은 상태를 만들어 준다. 김치냉장고 내부의 표면에 살얼음이 있는 것도 이 때문이다.

　냉기를 이용하는 간접냉각식은 온도를 정밀하게 제어하지 못한다는 단점이 있다. 직접냉각식처럼 고체의 온도를 제어하는 것보다 기체의 온도를 제어하는 것이 훨씬 어렵기 때문이다. 냉장고는 내부에 온도 감지 센서가 있어 일정온도 이상 올라가면 냉매를 이용해 다시 온도를 떨어뜨리는 과정을 반복하고, 그 결과 온도 변화가 크다. 이러한 단점을 보완하고 김치만을 보관하기 위해 만들어진 것이 김치냉장고이다.

일반 냉장고와 김치냉장고

　3~4℃ 정도 내부 온도가 오르내리는 일반 냉장고와 달리, 김치냉장고 내부의 온도 변화는 1℃ 이내이다. 정밀한 온도제어 기술을 사용하고 내부 설계 시 틈이 없게 했기 때문이다. 따라서 김치냉장고는 0℃ 전후에서 일정한 온도를 유지할 수 있고, 이를 통해

김치의 신선도를 지속시킨다.

또한 서랍식이나 위로 열도록 만들어진 김치냉장고의 문도 온도 유지에 있어 톡톡히 한몫을 한다. 이렇게 열리는 문은 우리가 김치냉장고의 문을 열 때 냉장고 안의 찬 공기가 뭉텅이로 빠져나가는 현상을 막는다. 즉, 차가운 냉기는 상온의 공기보다 무겁기 때문에 위로 솟아나지 않는다는 간단한 원리를 이용, 냉기의 증발을 막아 온도의 차이를 최소화시킨 것이다.

일례로 바깥 기온이 30℃를 넘을 때 일반 냉장고의 문을 열어 놓으면 뜨거운 공기가 유입되어 냉장고 안의 온도가 10초마다 1℃씩 올라간다. 그러므로 물건을 한 번 꺼내고 넣는 데 1분이 걸렸다면, 냉장고 속의 온도는 그 사이에 6℃ 가량 올라간 셈이다. 올라간 온도를 다시 냉각시켜 본래의 온도까지 도달하는 데에도 어느 정도의 시간이 걸린다. 하지만 김치냉장고는 온도 변화가 거의 없다. 김치냉장고가 일반 냉장고와 구별되는 가장 큰 요소가 바로 이러한 '냉장고 내부의 냉기 단속 능력'이다. 김치의 맛을 좋게 하는 '발효 과학'의 비밀이 온도 조절인 셈이다.

김장독 원리를 이용해 우리 생활에 가장 적합한 목적으로 개발된 김치냉장고. 발효 과정을 조절해 언제나 최상의 맛과 향을 자랑하는 '맞춤 김치'를 만들어 내는 세계 유일의 한국적 가전제품이라는 것에 환국은 자긍심을 갖는다.

또 하나의 문화혁명, 홈시어터

오디오와 비주얼 시스템

- 11:05 a.m.

하루 도우미로서의 역할을 절반 정도 끝내 놓고 환국은 잠시 휴식을 취한다. 환국은 집안일이 생각보다 힘들다는 것을 실감한다. 첨단 가전제품이 주부들의 수고를 덜어 주고 있음엔 틀림없지만, 사람 손을 거쳐야 하는 부분이 의외로 많기 때문이다. 기계가 다 알아서 해 주는 것 같은데도 그것을 작동하고 뒤처리하는 것은 꼭 사람 손을 필요로 한다. 새삼 어머니의 수고가 느껴진 환국은 고마움의 표시로 어머니를 살짝 포옹한다.

환국은 영화광이다. 오전의 임무를 깨끗이 마친 환국은, 잠깐의 휴식을 가지면서 영화 한 편을 볼 생각이다. 영화관은 거실에 설치된 홈시어터이다. 영화를 좋아하는 사람들의 잠재의식 속에는 홈시어터에 대한 꿈이 늘 자리 잡고 있다. 거실 소파에 홀로 앉아 팝콘을 입에 털어 가며 대형 스크린 속에 펼쳐지는 영상을 편안하게 감상하는 꿈이 그것이다.

환국은 구식 영사기가 영상을 투사하는, 영화 「시네마천국」의 마지막 장면을 쉽게 잊지 못한다. 요즘에는 프로젝터 또는 빔 프로젝터라는 기기가 이런 역할을 대신한다. 홈시어터의 오디오가 주는 감동도 대단하지만, 80인치 이상의 대화면을 집 안 거실에서 접했을 때의 감동에는 미치지 못한다. 홈시어터의 주요 관심이 음향에서 영상으로 옮겨 가고 있듯, 환국이도 영상 쪽에 비중을 두고 영화를 본다. 물론 팝콘을 입에 털어 가면서…….

추억 속 텔레비전

옛날 커다란 전지덩어리를 등에 업은 조그만 트랜지스터 라디오를 통해 정보를 얻던 시절, 라디오는 가장 대중화된 정보전달 기기였다. 1927년 어느 날, 탁상 위에 놓인 작은 상자 속에서 지직거리는 소리와 함께 아나운서의 말끔한 목소리가 흘러나오자 여기저기서 '우와' 하는 탄성이 쏟아졌다. 우리나라의 방송은 이렇게 경이와 탄성 속에서 라디오 시대의 개막을 알리며 기지개를 켰다.

라디오에 이어 흑백TV를 거쳐 컬러TV의 시대가 차례로 열리기 시작한다. 1956년 5월 12일은 우리나라에서 처음으로 TV방송이 시작된 날인데, 물론 흑백TV방송이었다. 많은 사람들은 TV 속에 사람이 숨어 있다며 매우 신기해했다. 그때나 지금이나 TV는 음성과 함께 영상정보까지 전달해 주는 가장 대중화된 정보기기이다.

(좌) 트랜지스터 라디오 트랜지스터를 증폭소자로 사용한 라디오 수신기
(우) 흑백TV

어떻게 전 국민이 같은 방송을 볼 수 있는 걸까?

텔레비전은 라디오와 영화의 원리를 합한 것이라고 할 수 있다. 스튜디오에서 출연자나 아나운서가 내는 소리는 라디오처럼 방송되고, 그 모습이나 몸짓은 전파로 바뀌어 가정의 수상기에 이르게 된다.

> **화소(picture element, pixel)** : 텔레비전이나 전송사진 등에서 화면을 구성하고 있는 최소 단위의 명암의 점이다. 화면 전체의 화소 수가 많을수록 정밀하고 상세한 화면을 얻을 수 있는데 이를 '해상도가 높다'라고 표현한다.

텔레비전은 송상기와 수상기로 나뉜다. 송상기에서는 한 장의 화상을 여러 개의 화소로 분해하고, 그것을 밝기에 따라 전류의 세기로 바꾼다. 화면과 소리가 전기 신호로 바뀐 이 전류를 전파에 실어 방송국의 안테나에서 송신한다. 각 가정의 안테나는 이 전파를 받아 수상기에 전달하고, 수상기에서 전파는 다시 원래의 소리와 화상으로 바뀌고 브라운관(CRT : 음극선관)과 만나 화면을 이룬다. 전파를 받은 수상기가 삼원색을 바탕으로 브라운관에서 짜 맞추어 본래의 경치나 물체의 빛을 보여 주는 것이다. 우리가 느끼는 영상은 다양한 강도를 가진 색채의 점들이다.

라디오 수신기보다 더 복잡한 부품으로 꽉 채워져 있는 텔레비전 수상기에서 가장 중요한 부분은 화면을 재생시키는 브라운관으로, 속은 진공으로 되어 있다. 브라운관은 유리관 속에 전자 빔(beam)을 만드는 전자총과 형광면을 봉입한 것이다. 형광면은 텔레비전 영상이 비치는 곳으로, 형광체라고 하는 특별한 물질이 발려 있어 전자가 닿으면 형광빛을 낸다. 전자 빔은 전자총에서 나오는 선(線)

모양으로 집속(集束)된 전자의 흐름이다. 즉, 전자총에서 나온 전자 빔이 형광 물질에 부딪혀 빛을 내는 것이다. 그러면 브라운관의 형광 면에 명암(영상)이 멋지게 비치게 된다.

✈️ 현실에 만족하지 못하고 진화하는 텔레비전

마당에 죽 둘러앉아 TV를 보던 시절에는 그냥 그것을 보는 것만으로도 즐거웠다. 그러나 멀티미디어가 일반화된 지금은, 예전의 브라운관만으로는 사람들의 정보욕구를 충족시키지 못한다. 이 필연성에 의해 인간과 정보기기 사이의 연결고리를 담당하는 영상표현 장치의 중요성이 대두된 것이다. 그 결과 지난 2002년부터 고화질 디지털 TV방송이 시작되었는가 하면, 유선방송을 시작으로 위성방송, 인터렉티브 TV(쌍방향 TV), 주문형 비디오(VOD) 등이 등장하고, 가정용 벽걸이 TV에서 집 안의 극장인 홈시어터에 이르기까지, 과거 상상 속에서나 꿈꾸던 영상 장치들이 현실화되었다.

영화관에서 영화를 즐겨 보는 사람이라면 '우리 집 거실에 조그마한 가정영화관인 홈시어터(Home Theater) 하나쯤 갖췄으면' 하는 바람을 가져 봤을 것이다. 홈시어터는 영어 단어의 의미 그대로 '안방극장'이라는 뜻으로, 극장 시스템을 집 안으로 옮겨 극장에서 보고 느낄 수 있는 화질과 사운드를 가정에서 재현해 즐길 수 있는 장치를 통칭한다. 홈시어터는 극장식 대형 화면과 강력한 입체 음향을 통해 감동을 선사한다. 입체적인 소리와 환상적인 사운드, 터질 듯한 저음 등이 극장과 다름없는 감동을 거실에서 충분히 느끼게 해 주는 것이다.

이젠 집에서 생생한 영상을 즐기는 시대

홈시어터의 대표적인 비주얼 시스템은 물론 TV이다. 그러나 브라운관을 사용하는 TV는 기술적으로 36인치가 한계이다. 대형 화면을 선호하는 추세가 뚜렷한 요즘에는 40~60인치급은 프로젝션TV가 일반적이고, 그 이상의 크기는 LCD(Liquid Crystal Display:액정표시장치)형 프로젝터를 많이 선호한다. 프로젝션TV는 브라운관TV처럼 직접 형광면에 빛을 쏘는 방식이 아닌, 내부에 들어 있는 브라운관 또는 액정 패널에 맺힌 상을 반사경을 이용하여 확대해 내보내는 투사 방식이다. 그러나 투사 방식은 화질이 브라운관TV만 못하다는 단점이 있다.

영화처럼 필름이 원본인 프로그램은 프로젝터로 보아야 제격이다. 프로젝터로 보는 HDTV 영화는 그야말로 영화다운 느낌이 그대로 전해진다. 하지만 HDTV 카메라로 촬영한 프로그램은 브라운관 방식의 HDTV로 보는 것이 영상 면에서 훨씬 더 낫다. 화면의 섬세함이 최고 수준이기 때문이다.

🛩 집 안을 영화관으로!

영화관의 스크린처럼 가장 손쉽게 대형 화면을 구현할 수 있는 방식은 화면 투사 장치인 프론트 프로젝터(Front Projector)를 이용하는 것이다. 80인치에서 150인치의 화면을 구현하는 데 적합한 이 프로젝터는 DVD, D-TV 등에서 받은 영상을 크게 확대해, 전면 벽에 부착된 대형 화면으로 투사시켜 준다. 물론 프로젝터의 대형 화면에서는 화소의 격자 구조가 눈에 잘 띄어 표준 해상도의 방송을 시청할 경우 만족스럽지 못하다는 단점도 있지만, 그럼에도 불구하고 프로젝터는 가정을 영화관으로 변신시켜 주는 주역이다.

어떤 것이든 조화가 중요하듯이, 홈시어터 역시 화면과 소리가 균형 있게 조화를 이루는 것이 중요하다. 영상 장치만 좋고 음향 장치는 형편없거나 그 반대의 경우라면 '조화'라는 홈시어터의 충분조건을 만족시킬 수 없기 때문에, 홈시어터에서 오디오 시스템이 차지하는 비중은 클 수밖에 없다.

홈시어터의 오디오 시스템은 디지털 방식의 멀티채널 시스템을 기본으로 한다. 초창기의 오디오 시스템은 모노 방식이었다. 우리가 흔히 듣는 TV나 라디오, 비디오의 음성은 모두 좌우 두 채널로 이뤄진 스테레오 시스템으로, 앞쪽에 두 개의 스피커가 있다. 이는 녹음 단계부터 각각 독립된 사운드가 분리되어 재생되는 시스템인데, 각각의 채널이 각각 독립된 사운드를 낸다고 생각하면 된다.

이에 반해 멀티채널 시스템은 앞, 뒤, 옆 등 사방에 스피커를 배치하는 방식이다. 앞쪽과 뒤쪽에 스피커를 배치하는 서라운드 방식은 1950년대 이후 등장한 음향 시스템이다. 알아 두어야 할 점은, 스피커 개수가 많다고 해도 모두 동일한 사운드를 낸다면 그것은 진정한 멀티채널 시스템이 아니라는 것이다. 흔히 5.1, 6.1, 7.1 스피커 시스템이라고 말하는 것은 엄밀한 의미에서 스피커의 개수가 아니라 사운드 채널의 숫자를 의미한다.

 실감나는 음향 시스템

　홈시어터에서 가장 많이 쓰는 멀티채널 시스템은 5.1방식인데, 이는 DVD 타이틀 자체가 5채널로 녹음돼 있기 때문이다. 스피커 두 개로 영화를 본다면 영화 보는 맛이 덜할 것이다. 음악을 듣는 일반적인 2채널과 달리, 영화라는 장르의 특성상 수많은 효과음과 대사처리 서라운드를 고려하면 5.1채널이 기본이 돼야 하기 때문이다. 기존의 가정용 스테레오 시스템(구세대들은 전축 혹은 오디오 세트라고 부른다)의 스피커가 두 개에서 여섯 개로 바뀌었다고 생각하면 간단하다. 앞쪽에 좌, 중, 우(Front Left, Center, Right) 세 개의 스피커가 배치되고, 시청자의 옆쪽이나 또는 뒤쪽에 좌, 우(Surround Left, Right) 두 개의 스피커가 배치된다. 또한 서브 우퍼(Sub woofer)라고 하는 대단히 낮은 음만을 담당하는 특수한 스피커도 필요로 한다.

예를 들어 기차가 지나가는 장면을 떠올려 보자. 처음에는 앞쪽 왼쪽 스피커가 기차바퀴 소리를 내 주고, 중앙 스피커가 기적 소리를 내 준다. 1초 뒤에는 중앙 스피커가 기차바퀴 소리를, 오른쪽 스피커가 기적 소리를 내 준다. 이렇게 하여 연속된 음을 들어 보면 왼쪽에서 오른쪽으로 기차가 지나가는 느낌을 주는 것이다.

각 스피커들이 수평적인 공간감을 표현해 준다면, 15hz 이하의 낮은 음역만을 전용으로 재생하는 스피커인 서브 우퍼는 수직적인 음의 깊이에 관여한다. 이 서브 우퍼가 얼마만큼 깊고 넓은 저음을 재생해 주느냐에 따라 전체 사운드의 베이스가 결정된다. 5.1의 소수점 0.1이 바로 이 서브우퍼를 뜻한다.

홈시어터를 꾸미려면 반드시 AV 전용 앰프가 있어야 한다. 홈시어터에서 앰프는 자동차의 엔진과 같은데, 홈시어터의 중추적 역할을 담당하는 AV 앰프는 각종 음향 · 영상 기기와 연결하여 컨트롤러로서의 기능을 수행한다.

앰프는 소리(전기 신호)를 증폭시켜 주는 장치이다. CDP나 DVD 플레이어에서 나오는 신호는 크기가 작아서 스피커를 울릴 수 없기 때문에 소스에서 나오는 전기 신호를 앰프가 증폭시키고, 이 증폭된 전기 신호를 스피커가 받아 소리로 바꿔 울려 줘야 한다. AV 앰프로부터 소리에 대한 전기 신호를 받으면, 스피커는 그것을 우리가 귀를 통해 직접 들을 수 있도록 공기로 진동시켜 소리를 내 준다.

잘 갖춰진 홈시어터 시스템을 통해 HD급 디지털방송을 시청한다면 영화관보다 훨씬 커다란 만족감을 느낄 수 있다. 한국도 그 만족감에 푹 젖어 있다. 영상 마니아들의 꿈을 이뤄 주는 홈시어터는 집 안의 TV를 이전의 TV에 머물게 하지 않고 진화시킨 또 하나의 문화혁명이다.

Afternoon

12:00 p.m. ~ 06:00 p.m.

11

비발광형 표시장치, LCD

액정과 플라즈마의 발광 원리
- 12:00 p.m.

홈시어터를 통해 환국이 본 영화는 『마이너리티 리포트』이다. 이 영화에는 주인공 톰 크루즈가 허공에 가상 화면을 띄워 가족과 찍은 동영상을 감상하면서 과거를 회상하는 장면이 나온다. 또 『스타워즈』의 주인공 루크는 로봇 알투디투가 허공에 광선을 쏘아 비춰 주는 리아 공주의 3차원 축소영상을 보고 모험에 나선다.

　　이제 이러한 것은 영화 속의 이야기만이 아니다. 이미 세계 시장에는 3차원 디스플레이가 출현했다. 3차원 디스플레이 기술은 실감나는 3차원 입체 영상을 느낄 수 있도록 표시하는 기술을 말한다. 하지만 환국의 거실에 달린 홈시어터의 디스플레이(display : 표시장치)는 3차원 디스플레이가 아니다. 여느 집과 마찬가지로 LCD나 PDP와 같은 2차원 평판 디스플레이를 갖춘 보통 수준의 홈시어터일 뿐이다.

🖼 세상의 지식과 정보를 연결해 주는 디지털 창

우리가 알지 못하는 사이에 디스플레이는 어느새 인간과 기계를 잇는 인터페이스이자 세상을 바라보는 '창'이 됐다. 디스플레이는 고속 영상과 고화질을 향해 질주하고 있는데, 요즘 뜨는 3세대 휴대전화, 현대인의 필수품인 노트북 컴퓨터, 고화질 영상으로 가정을 극장으로 만든 홈시어터, 막히는 길의 지루함을 달래 주는 대형 전광판 등은 모두 세상의 지식과 정보를 인간과 연결해 주는 '디지털 창'이다. 그래서 각광을 받고 있는 것 중 하나가 TFT-LCD이다.

1990년대 초만 해도 디스플레이 산업을 이끈 것은 TV수상기에 쓰이는 브라운관이었다. 브라운관은 전자총에서 발사된 전자들이 유리 안쪽에 발린 형광체에 부딪히며 화면을 구현하는 방식으로, 선명한 화질을 그 특징으로 한다. 그럼에도 불구하고 사람들은 좋은 화질에 만족하지 못하고 늘 화면이 크면서도 공간은 적게 차지하는 디스플레이를 갖고 싶어한다.

그러나 대형 화면을 선호하는 현대인의 취향에 맞춰 큰 브라운관을 제작하기란 여간 어려운 게 아니다. 그만큼 전자총과 화면 사이의 거리가 멀어야 하기 때문이다. 고화질 TV(HD TV)와 같은 섬세한 화면을 구현하려면 최소한 화면의 크기가 33인치 이상이 돼야 하는데, 33인치짜리 브라운관을 쓴다면 거실은 온통 브라운관이 차지해 버릴 것이다. 또한 브라운관은 화면 각 지점과 전자총 사이의 거리를 같게 하기 위해 화면을 둥그렇게 만드는데, 이 때문에 화면 주변이 일그러진다. 이 같은 화상 왜곡은 화면이 클수록 심하게 일어난다. 그런 까닭에 브라운관은 많은 장점에도 불구하고 소비자 입장에서는 계속해서 불만이 제기될 수밖에 없다. 평판 디스플레이는 이러한 브라운관의 한계를 극복하고자 개발된 것이다.

🔲 평판 디스플레이의 등장

> **LCD(Liquid Crystal Display)** : 전압에 따른 액정의 투과도의 변화를 이용하여 각종 장치에서 발생되는 여러가지 전기적인 정보를 시각정보로 변화시켜 전달하는 전기소자이다. 자기발광성이 없어 후광이 필요하지만 소비전력이 적고, 휴대용으로 편리해 널리 쓰이는 평판 디스플레이의 일종이다.

브라운관이 전자빔으로 화상을 만드는 반면, 평판 디스플레이는 전체 화면을 작은 소자로 나누어, 화면상의 X, Y축의 교차점에 있는 특정 화소가 발광하는 방식을 이용한다. 이러한 평판 디스플레이의 대표 주자는 LCD이다. LCD 덕분에 좁은 책상 위에서 불편한 듯 뚱뚱한 몸집을 유지하고 있던 CRT 모니터가 손으로 잡을 정도로 두께가 얇고 가벼운 LCD 모니터로 바뀌면서 'PC의 슬림화'라는 눈에 띄는 변화가 일어난다. 그럼으로써 사용자는 공간을 보다 효율적으로 이용할 수 있게 되었다.

브라운관 TV에 비해 장점이 많은 이러한 평판 디스플레이의 등장으로, 오랫동안 시장을 주도해 온 CRT는 결국 LCD, PDP(플라스마 표시장치), OLED(유기전기발광 표시장치) 등의 평판 디스플레이에 자리를 내주고 뒷전으로 밀려나는 신세가 되었다.

LCD의 우연한 발견

　LCD의 역사는 1888년 오스트리아의 생물학자 라이니처가 우연히 액정을 발견하면서 시작된다. LCD는 고체와 액체의 중간 단계인 액정 물질에 전기를 가해 화면을 나타낸다. 액정의 형태는 고체와 액체의 중간 형태인데, 성질 또한 분자가 일정하게 배열된 고체와 무질서하게 흩어진 액체의 중간 성질을 갖는다. 생물의 세포막이나 오징어의 먹물, 콜레스테롤이 이에 속한다. 현재는 전기나 열에 따라 일정한 배열을 갖는 벤조산콜레스테린, 올레산나트륨, 파라메톡시신남산 같은 유기 고분자를 합성해 액정의 재료로 많이 이용한다.

　분자는 고체 상태에서는 정확히 배열되어 있지만 액체에서는 아무 배열 없이 제멋대로 존재한다. 따라서 그 중간 상태인 액정에서는 고체에서만큼은 아니더라도 얼마간의 규칙성, 예를 들어 한 방향으로만 배열되어 있다든지 하는 성질을 가진다.

　액정을 이루는 분자는 가늘고 긴 막대 모양이다. 그런데 여기에 전압을 걸면 분자들의 배열 방향이 바뀌게 된다. 예를 들어 외부에서 액정에 전기장이나 자기장 등의 일정한 전압을 걸면 분자들의 배열이 바뀌면서 빛이 통과하는 정도(투과율)가 달라진다. 때문에 편광판을 사용해 한쪽 방향으로 진동하는 빛만 걸러 내고, 이 빛의 방향을 액정으로 바꾸어 다른 한쪽의 편광판으로 보내면 빛의 방향에 따라 그 투과량을 제어할 수 있다.

　편광은 전자기파가 진행할 때 파를 구성하는 전기장이나 자기장이 특정한 방향으로 진동하는 현상을 가리킨다. 특정한 광물질을 입힌 편광판이나 광학필터를 사용하면 편광된 상태의 빛을 얻을 수 있다. 이처럼 분자배열이 변화되는 성질을 이용하여 만든 디스플레이가 바로 LCD이다. 결국 액정은 빛의 투과량이나 반사량을 조절하는 광 조절 밸브의 역할을 하는 셈이다.

LCD에 숨어 있는 원리를 찾아라!

LCD는 빛을 발하지 않는 대표적인 비발광형 표시장치이다. 따라서 LCD로 화면을 만들려면 형광등으로 제작된 백라이트(back-light)라는 외부광원이 반드시 필요하다. 백라이트로 빛을 보내면 LCD의 두 장의 유리 기판 사이에 주입된 액정이, 가해지는 전기장의 세기에 따라 회전하면서 빛의 투과량을 조절한다. 빛을 통과하게 하거나 통하지 않게 하는, 이른바 '셔터 기능'을 이용하여 문자, 도형, 화상 등의 화면을 구성한다. 이렇게 LCD는 액정이 만드는 밝고 어두운 빛에 색상을 입혀 영상을 표시하는 것이다.

화면에서 곧바로 빛을 내는 다른 표시장치와 달리, LCD는 편광판 뒷면의 백라이트가 빛을 내기 때문에 색상이 자연스럽게 표현된다는 장점이 있다. 일반 표시장치는 픽셀마다 빛을 발하므로 가까이에서 보면 네모난 점이 눈에 띈다. 그러나 LCD는 액정 분자 하나하나가 빛을 조절해 주기 때문에 화면이 깨끗하게 표현된다.

디스플레이에서 다양한 색깔을 생생하게 표현하려면 빛을 내는 발광 부분(화소)을 전기적으로 켰다 꺼야 한다. 화소는 화면의 최소 단위로, 가로와 세로로 입힌 가느다란 투명전극의 교차점이 하나의 화소가 된다. 여기서 켰다 끄는 스위치 역할을 하면서 원하는 색과 영상을 재현하는 것은 박막트랜지스터(TFT)이고, 화소 하나에 트랜지스터 하나를 붙여서 화면을 만드는 장치가 TFT-LCD(Thin Film Transistor Liquid Crystal Display:초박막트랜지스터 액정표시장치)이다. 즉, 액정 화면의 화소 하나하나의 색을 제어하는 트랜지스터의 스위치 역할로 각 화소가 켜지고 꺼짐에 따라 정보가 표현되고, 이들 전체가 조화를 이뤄 화면을 구성하게 되는 것이다.

박막트랜지스터를 활용한 LCD는 하나의 화소마다 전자소자가 있어서 제어 속도가 빠르다. 이는 동영상을 처리하는 데 유리하다. 이것이 디스플레이 시장에서 TFT-LCD가 인기를 끄는 비결이다.

LCD의 장점과 단점

LCD는 낮은 전압으로도 분자 배열을 쉽게 조절할 수 있어서 소비전력이 적고, 브라운관처럼 전자총을 이용하지 않으므로 전자파가 없다는 장점을 지닌다. 그 반면에 LCD에 전압을 가할 경우에는 액정 분자배열이 바뀌면서 보는 각도에 따라 빛의 투과량이 달라져, 정면에서 볼 때와 측면에서 볼 때의 화면이 다르게 보인다는 큰 단점이 있다. 정면에서는 화면의 색상이나 화상이 제대로 보이지만, 여러 사람이 모니터 한 대를 놓고 여러 각도에서 볼 때에는 화면이 각각 다르게 보이는 시야각 문제가 발생하는 것이다. 정면에서 볼 때의 '붉은 악마'가 양 옆에서는 '검은 악마'로 보이는 것이 그 예이다.

LCD TV는 화면이 밝다. 이것이 CRT나 PDP에 비해 두드러진 특징이다. LCD가 화질이 좋은 TV라고 알려진 것도 화면이 밝기 때문이다. 조명이 강하거나 밝은 곳에서 TV를 본다면 LCD가 적절한 선택이다. 그러나 편광 필름으로 덮인 LCD는 외부의 빛을 흡수하기 때문에 밝은 곳에선 화질이 선명하지만, 어두운 곳에선 화면 뒤쪽에서 나오는 빛이 새어 나와 화질이 흐릿하다. 문제는 밝은 화면이 주는 높은 선명도가 본래 색을 왜곡한다는 데 있다. 예를 들어 밝은 회색이 흰색으로 보일 수 있다. 그러니 TV홈쇼핑에서 옷을 샀는데 엉뚱한 색의 옷이 배달될 수도 있는 일이다.

늦은 화면 응답속도도 LCD의 문제점 중 하나이다. 이것은 백라이트라는 별도의 광원으로 빛을 쏴 영상을 구현하는 원리 때문에 발생하는 것이다. 선수들이 빠르게 움직이는 장면이 많은 스포츠 중계를 볼 때, 이전 동작이 화면에 남아 눈에 거슬리는 것이 바로 이 늦은 응답속도 때문이다.

환국의 어머니가 LCD TV로 홈쇼핑 프로그램을 보고 옷을 살 때마다 색감에서 매번 실패한 이유가 밝은 화면 때문이고, 스포츠 중계방송을 볼 때마다 잔상처럼 남는 화면 때문에 짜증이 났던 이유가 별도의 광원 때문이라는 사실에 환국은 적잖이 놀란다. 과학적 원리를 깨달았기 때문이라기보다는 본인이 실제로 겪은 경험담이어서 그것이 피부에 와 닿았기 때문이다.

미래의 대표주자 PDP의 탄생

우리는 LCD를 전문적인 무기로 하여 세계를 공략 중이다. 위에서 말한 LCD의 단점을 그대로 보완하여 소비자의 욕구를 채워 주는 일쯤은 순간이다. TFT-LCD의 차선책으로 나온 PDP가 벌써 우리 곁에 다가와 있으니 더 말해 무엇 하랴. 환국은 PDP를 처음 접한 순간 입을 다물지 못했다. 엄청난 화면 크기에 압도되었기 때문이다.

두께가 얇고 무게가 가벼워 40인치 이상의 대형 화면 제작에 안성맞춤인 PDP는 대화면 평판 디스플레이의 대표주자이다. PDP에서는 TFT-LCD처럼 비스듬한 위치에서 보아도 화면이 잘 보이지 않는 시야각 문제가 일어나지 않는다.

PDP는 브라운관 TV에 비해 두께가 10분의 1에 지나지 않고 무게도 40인치를 기준으로 약 6분의 1 정도에 불과하다. 브라운관의 경우 전자를 가속시킬 공간이 필요하므로 대화면으로 갈수록 부피가 커지지만, PDP는 수백 마이크론 단위의 픽셀(화소) 내부에서 형광체를 자극할 수 있는 특정 파장을 발생시키면서 화상을 만들어 내므로 얇은 두께로도 대화면을 구현할 수 있다.

PDP 디스플레이의 구현은 매우 단순하다. PDP는 LCD와 달리, 저온 플라스마를 통해 자체에서 빛을 내는 '발광형'이다. 즉, 형광 등처럼 기체를 방전시켜 형광 물질에서 빛을 발산하는 것이다.

PDP는 두 장의 유리 기판 사이에 액정 대신 아르곤이나 크세논, 네온을 혼합한 기체를 넣는다. 여기에 높은 전압을 걸면 플라스마와 함께 자외선이 방출된다. 그리고 자외선은 다시 적색, 청색, 녹색의 특정 파장을 갖는 형광 물질에 부딪혀 빛을 낸다. 간단하게 말해 PDP는 플라스마에서 자외선을 발생시키고, 이것이 색을 입힌 형광체를 자극해 자연색에 가까운 컬러 화면을 구현하는 개념이다. 수백만 개의 아주 작은 형광등을 화소마다 집어넣은 구조로 이해하면 간단하다.

제4의 물질, 플라스마

PDP의 핵심은 플라스마이다. 자연계를 구성하고 있는 물질의 상태는 기체, 액체, 고체로 되어 있는데, 플라스마는 기체, 액체, 고체와 구별되는 제4의 상, 즉 하전된 입자(전하를 갖고 있는 입자, 즉 전자와 이온)와 중성 입자(전기적으로 중성인 입자)가 혼합돼 있는 기체이다. 이 기체가 PDP의 전력 효율을 높이는 비결이다. 바닥 상태의 에너지를 갖는 기체를 수만 ℃로 높이면 원자나 분자는 전

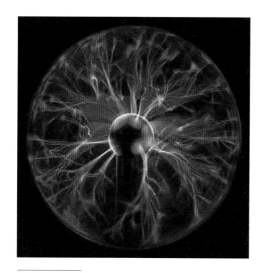

플라스마

자를 잃거나 얻으면서 이온이 된다. 이처럼 양이온과 음이온, 전자가 많이 모인 집합체가 플라스마이다. PDP에 전기가 흐르면 플라스마뿐 아니라 들뜬상태의 원자나 분자들도 만들어진다. 들뜬상태의 원자나 분자들은 에너지가 낮은 바닥상태로 떨어지면서 자외선이나 적외선, 가시광선을 방출한다. PDP는 이때 방출되는 자외선이 형광체에 부딪혀 가시광선으로 바뀌는 원리를 이용한다.

지구에서는 플라스마 물질 상태가 자연적으로 존재하기 어렵지만, 온도가 매우 높은 은하계나 태양계 등 우주 공간의 99.9%는 플라스마 상태로 이루어져 있다. 플라스마는 하전된 입자들을 포함하기 때문에 우리가 일반적으로 접하는 대기와는 매우 다른 성질을 갖는다.

만약 대기 중에서 두 개의 피복된 전선을 서로 5cm 가량 떨어뜨린 후 100V 정도의 전원에 연결한다면 어떤 현상이 벌어질까? 물에 젖은 상태가 아니라면 이들 두 전선 사이에서는 아무 현상도 일어나지 않을 것이다. 그러나 이들 전선을 플라스마 기체 내에 넣고 전압을 가하면, 대기 중에서와는 달리 전선 사이의 플라스마를 통해 전선에서 전선으로 전류가 흐른다. 도체인 금속 내부에 자유롭게 움직이는 자유전자가 있어서 전류를 통하게 하는 것과 마찬가지로, 플라스마 기체에는 전자와 이온이 있어서 가해진 전압에 의해 하전된 입자가 움직여 전류를 흐르게 하기 때문이다. 이러한 성질을 이용한 것이 바로 PDP이다.

🔲 전기 먹는 하마, PDP

PDP는 스스로 빛을 내 영상을 만들기 때문에 LCD보다 화면 응답속도가 빠른 것이 장점이다. 따라서 격렬한 움직임이 많은 스포츠 중계나 액션영화를 보는 데 제격이다. 반면 PDP TV는 상대적으로 화면이 어둡다. PDP는 화면을 구성하는 격자마다 빛을 내보내기 때문에 어두운 곳은 더 어둡고 밝은 곳은 더 밝은 영상을 만들어 내는 것이다. LCD보다 PDP가 칙칙한 인상을 주는 이유이다. 그러나 색감을 기준으로 화질을 평가한다면 LCD보다 낫다. LCD는 밝은 곳에서, PDP는 어두운 곳에서 화질이 더 선명하다.

대신 PDP는 LCD에 비해 전력 소모가 많다. LCD는 1시간 당

소비전력이 200W(와트)지만 PDP는 270W 수준이다. 이러한 원인은 PDP에서 플라스마 상태를 만드는 전압이 높기 때문이다. 만약 플라스마 상태를 100V 이하의 낮은 전압에서 유지시킬 수 있는 기술이 개발된다면, 가정에서 누구나 HD PDP TV를 즐길 수 있는 날이 올 것이다. 하지만 지금 당장 전기요금을 아끼고 싶다면 그만큼 LCD TV를 즐겨라! 아직까지 PDP는 '전기 먹는 하마'이기 때문이다.

차세대 디스플레이의 재료는 무엇?

요즘 전자공학계의 새로운 화두는 무기와 안녕을 고하고 유기와의 새로운 만남을 형성하는 것, 즉 '무기여 잘 있거라'이다. 물론 여기에서 무기는 헤밍웨이가 말한 무기(武器)가 아니라 무기물을 말할 때의 무기(無機)이다.

유기물은 전기적으로 물질을 분류하는 모든 종류, 즉 도체, 반도체, 부도체가 될 수 있는 것들이다. 최근의 전자공학계는 무기물 대신 유기물로 전자재료를 대체하고 있다. 그 덕분에 휴대전화뿐만 아니라 머지않아 유기EL 디스플레이를 사용하는 노트북이나 TV가 출시되고, 두루마리처럼 둘둘 말았다가 펴서 볼 수 있는 디스플레이와도 접하게 될 것이다.

유기 반도체는 전기적 특성 못지않게 광학적 특성이 우수하다.

대표적인 광학적 특성은 유기 반도체 필름에 전류를 흘려 주면 빛을 내는 '전기장 발광(EL:Electro Luminescence)'으로, 이것은 유기 반도체가 차세대 디스플레이의 재료로 활용될 수 있게 해 준다. 전기장 발광은 전기 에너지가 빛 에너지로 직접 변환하는 것으로, 열 발생이 적어 전력이 적게 들고 효율이 좋다는 것이 장점이다. LED(Light Emitting Diode:발광 다이오드)는 그 광원을 일컫는 용어이다.

LED는 일종의 반도체이다. 전기가 흐르면 반도체 안에서 자유전자가 이동한다. 이 전자가 전공(전자 구멍)과 결합해 전기에너지를 잃고, 잃어버린 에너지가 빛으로 변한다. 반도체의 성분에 따라 빨강, 녹색, 파랑의 LED가 만들어지고, 빛의 3원색인 이 세 가지 LED를 적절하게 조합하면 우리가 보는 멋진 화면이 나온다.

LED는 웬만한 사람이면 하나씩 가지고 있다. 바로 휴대전화에 이 LED가 들어 있기 때문이다. 휴대전화의 폴더를 열면 단추가 반짝이는데 이 불빛이 LED에서 나온다. 휴대전화 화면을 볼 수 있는 것도 뒤에서 LED가 빛을 비추기 때문이다. 이 외에도 자동차 계기판, 지하철역이나 버스의 안내방송 시스템에도 LED가 많이 쓰인다.

📺 가방 속에 접어서 넣고 다닐 수 있는 TV?

지금까지 LED는 집적회로처럼 무기 반도체로 만들어져 왔다.

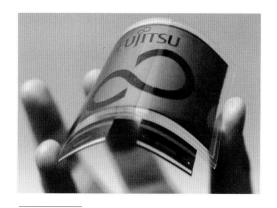

쉽게 구부러지는 '플렉서블 디스플레이'

그런데 유기 반도체로도 효율 높은 발광 다이오드를 만드는 일이 가능하다고 한다. 발광 다이오드를 유기물로 대체할 경우, 이전의 디스플레이에서 볼 수 없던 새로운 가능성이 열린다. 유기 반도체는 무기 반도체보다 가볍고 무엇보다도 소재 자체가 유연하다. 유기EL의 핵심은 두께가 100~200nm(나노미터)밖에 되지 않는 유기 박막층인데, 이것을 재료로 이용하기 때문에 종이처럼 얇은 디스플레이의 구현이 가능하다.

유기EL 디스플레이는 발광 효율을 높이기 위해 발광이 우수한 유기 색소를 0.1~10% 정도 도핑한다. 유기 색소가 첨가된 유기EL 소자는 브라운관의 형광체와 같은 역할을 하므로, 전류를 흘려 주면 빛이 발생한다. 유기EL 소자는 약 5V 정도의 낮은 전압에서도 아주 밝은 빛(약 200~300cd/m²)을 방출한다.

유기EL은 기존 LCD에 비해 1천 배 이상의 응답속도를 낼 수 있

도핑(doping) : 금속공학에서 고의로 미량의 다른 물질을 재료에 첨가하여 그 성질을 개선하는 것. 반도체의 재료 등에서는 도핑에 의한 효과가 매우 중요하므로 많이 사용되고 있다.

어 뛰어난 동영상 구현이 가능하다. 데이터 응답속도가 $1\mu s$(마이크로초, 즉 100만 분의 1초)로 초특급이다. 시야각도 상당히 넓어 어느 위치에서나 선명한 화면을 볼 수 있다.

유기 반도체를 이용한 디스플레이는 딱딱하고 무거우며 공간을 많이 차지하는 기존의 디스플레이를 몰아내고 새로운 개념의 '플렉서블(flexible: 구부러지기 쉽다는 의미) 디스플레이' 시대를 열어주고 있다. 플렉서블 디스플레이는 말 그대로 둘둘 말아서 갖고 다니거나 가방 속에 접어 넣을 수 있는 화면을 뜻한다. 따라서 화장실에서 일을 보거나 주방에서 설거지를 하면서 벽에 TV를 붙여 시청을 하고, 옷이나 모자에도 디스플레이를 달아 정보를 주고받는 일이 가능하다. 공사장에서 건축가가 허리띠로 설계도면을 볼 수도 있다는 얘기이다.

유기물은 공기와 빛, 물에 노출되면 화학적 성질이 변하기 쉽다. 따라서 유기EL 디스플레이는 수명이 짧고, 큰 화면에서 안정성이 떨어진다는 단점이 있다. 앞으로 이 문제를 해결하는 것이 유기 전자공학의 큰 관건이고, 넘어야 할 벽이다. 그러나 분명한 사실은 과거에 상상만 했던 기술이 생각보다 빠르게 우리 곁에 다가왔듯, 오늘날 꿈꾸는 기술이 멀지 않은 미래엔 자연스런 일상이 될 것이다. 환국은 믿는다. 인간의 시각(視覺)이 존재하는 한 디스플레이의 변신은 현재 진행형일 것이고, 그리고 그 진화의 핵심은 인간과의 교감이 될 것이다.

12

인간의 두뇌를 닮은 저장장치, 노트북

전기적 데이터 처리장치
– 01:00 p.m.

‘영화 그만 보고 제발 공부 좀 하라’는 어머니의 두 번째 잔소리가 없었더라면 환국의 영화 보기는 끝없이 계속되었을지 모른다.

방으로 들어온 환국이는 수학책을 꺼내 어제 풀다 남은 문제를 마저 풀 생각이었다. 그런데 책꽂이에서 책을 빼려는 순간 그의 기분은 180도 뒤바뀌고 말았다. 어머니가 일기장에 손을 댄 흔적이 발견되었기 때문이다. 어머니가 그의 은밀한 비밀을 송두리째 훔쳐가 버린 것이다.

"역시 일기는 노트북으로 작성해야 했어. 그런 다음에 패스워드 같은 것을 걸어 놓았더라면……." 하지만 이미 엎질러진 물이었다. 환국이 일기를 노트북에 저장하지 않았던 이유는 대충 두 가지이다. 하나는 어느 한 순간에 데이터를 모조리 날려 버릴지도 모를 시스템에 대한 불신이고, 나머지 하나는 마음의 글을 워드 프로세서의 딱딱한 글자체로 기록하기 싫다는 묘한 결벽증 때문이다. 빌어먹을!

환국은 딱딱한 글자체를 무시하고라도 이제부터 노트북에 일기를 저장하는 쪽으로 마음을 정리하고 분노를 가라앉혔다. 그리고 수학 강의를 들으려고 노트북의 전원 스위치를 넣었다. 그런데 이상했다. 컴퓨터가 이렇다 할 반응을 보이지 않는 것이다. 그제야 환국은 노트북의 인터넷 코드가 빠져 있다는 사실을 알게 된다. 어머니가 아예 연결선 코드를 뽑아 버린 것이다. 일기장도 모자라 컴퓨터까지 감시하다니, 환국은 화가 머리 끝까지 치밀었다.

🖥 노트북을 움직이는 요소들

노트북 컴퓨터는 인간의 두뇌를 흉내 내어 만든 기계, 단순하게 말하면 '저장 장치'이다. 저장 장치임에도 계산할 수 있는 능력을 갖춘 것은, '소프트웨어 또는 프로그램'이라는 계산하는 공식을 저장해 놓았기 때문이다. 노트북 컴퓨터의 중요한 기능은 메인보드(Main board)라는 곳에 다닥다닥 붙어 있다. 메인보드에는 CPU(Central Processing Unit), 램(RAM:Random Access Memory), 하드디스크(Hard Disk)라는 세 개의 저장 공간이 들어 있다. CPU와 램은 임시 저장 공간이기 때문에 전기 공급이 중단되면 그 내용이 사라진다.

컴퓨터는 수백만 개 이상의 트랜지스터 스위치로 구성된, 디지털 회로가 조직적으로 동작하는 장치이다. 그리고 그 동작은 사용자의 명령에 따라 실행되는데, 사용자가 입력한 명령(input)은 미리 짜인 프로그램을 거치면서 처리, 저장, 출력된다(output).

노트북의 전원을 켜면 본체에 설치되어 있는 운영체제(OS :Operating System)가 부팅된다. 윈도(Windows)나 도스(Dos)가 실행되기까지의 모든 작업은 '바이오스(BIOS:Basic Input Output System)'가 담당한다. 전원이 들어오는 순간 바이오스 칩은 바쁘게 움직인다. 그리고 칩 안에 저장되어 있는 내용에 따라 '포스트(POST:Power-On Self-Test)' → '시스템 초기화' → '부팅'이라는 세 가지 작업이 순서대로 진행된다.

바이오스 : 컴퓨터에서 전원을 켜면 맨 처음 컴퓨터의 제어를 맡아, 가장 기본적인 기능을 처리해 주는 프로그램을 말한다. 롬 바이오스라고도 하며, 소프트웨어의 계층 중 가장 낮은 계층에 속한다. 모든 소프트웨어는 이곳을 기반으로 움직인다.

▣ 노트북의 작동 원리

컴퓨터에 전원이 들어오면 하드웨어의 정상 여부를 점검하는 포스트가 작동한다. 가장 먼저 CPU 안에 남아 있는 예전에 작업한 불필요한 내용들이 모두 지워진다. CPU의 용량이 한정되어 있는 만큼, 새로운 작업을 시작하기 전에 불필요한 작업 내용을 지워 CPU가 최상의 성능을 발휘할 수 있는 상태로 만드는 것이다.

바이오스와 CPU는 명령을 처리하는 방식이나 처리하는 명령의 영역이 서로 확연히 다르다. CPU는 자신만의 계산과 처리를 행한다. 이 결과를 각 장치의 바이오스가 전달받아 해당 장치들을 움직이고, 그 결과를 다시 CPU에 알려 준다.

노트북을 켜면 우리는 모니터를 통해 윈도의 화면이 아닌 텍스트 화면을 보게 된다. 맨 처음에는 그래픽카드를 초기화하여 기본 정보를 나타내는 화면과 만난다. 이어서 CPU 정보, 램, 하드와 시디롬 같은 디스크, 리소스 등을 체크한 메인보드의 정보 화면이 나타난다. 여러 장치들의 체크가 끝나 이상이 없으면 부팅할 장치를 찾아 가동시키면서 CPU에 그 제어권을 넘긴다.

부팅이 된 후에는 CPU가 사용자의 요구를 받아 그에 필요한 장치들의 바이오스에게 일을 시키고, 그 결과를 사용자에게 알려 준다. 요약하면 바이오스는 각 장치마다 그 장치를 담당하는 팀장이고, CPU는 그 팀장들을 관리하는 부장급이라 할 수 있다.

컴퓨터는 복잡한 수치의 계산이나 다양한 자료를 빠르게 처리하는 장치로, 그 내부에서의 모든 데이터 전송은 디지털 신호에 의해 이루어진다. 디지털 신호란 숫자 0과 1만을 사용하는 2진법으로 데이터의 저장과 전송 등을 처리하는 방식을 뜻하는데, 컴퓨터 내부에서의 모든 데이터는 수십만 개의 0과 1의 조합이 넘나들며 2진수 형태의 전기적 신호로 변환·처리 된다. 예를 들어 워드프로세서에서 입력한 모든 '문자, 숫자, 부호'들을 컴퓨터는 숫자로만 인식한다. 다만 사용자가 문자로 알아볼 수 있도록 출력 과정에서 문자로 변환할 뿐이다.

> **2진법** : 우리가 일상적으로 사용하는 수는 0에서 9까지의 10종류 숫자로 수를 나타내는 10진법이다. 10진법의 1은 2진법에서는 1, 10진법의 2는 2진법에서는 10, 10진법의 3은 2진법에서는 11,…… 등으로 바뀐다. 2진법 연산의 규칙은 0+0=0, 1+0=1, 1+1=10, 0×0=0, 1×0=0, 1×1=1이다. 2진법에 따라 큰 수를 나타내기 위해서는 긴 자리수를 필요로 하지만, 컴퓨터에서 폭넓게 사용되고 있다.

노트북과 데스크톱의 차이점

1946년, 미국 펜실베이니아에서 최초의 컴퓨터 에니악(ENIAC)이 웅장하게 돌아가면서 컴퓨터 시대가 시작된 이래 50년 동안, 컴퓨터 혁명은 모든 정보를 0과 1의 조합으로 처리하는 디지털 시대를 조용히 실현해 왔다. 에니악 이전에도 수치를 자동으로 계산해 주는 전자계산기가 없었던 것은 아니다. 그러나 1만 8천 개의 진공관으로 이루어져 펜실베이니아 모든 가정의 전등을 깜빡거리게 할 정도로 엄청난 전력을 사용했던 에니악은 모든 정보를 0과 1의 방식으로 처리한 '디지털 시대의 메신저'였다.

노트북의 가장 큰 특징은 들고 다닐 수 있다는 '이동성'에 있다.

에니악(ENIAC)

노트북은 이동의 편의성을 높이기 위해 발명되었는데, 초박형 LCD 창, 전원으로 배터리를 사용하는 것 등이 노트북이 데스크톱과 가장 구별되는 점이다.

데스크톱은 전원 공급 장치가 본체 안에 내장되어 있어서 교류 전류를 직류로 전환해 주지만, 노트북에서는 충전지를 사용하기 때문에 직류와 교류를 전환해 줄 필요가 없다. 그래서 노트북은 전원이 없는 곳에서 자유롭게 사용할 수 있다. 단, 인터넷은 배터리만의 문제가 아니어서, 아무리 노트북이라고 해도 아무 곳에서나 정보를 전달할 수는 없다.

어디서나 인터넷을 즐길 수 있는 세상

만일 외부 회의 때문에 사무실을 나와 택시를 타고 이동하던 직장인이, 갑자기 상사로부터 '영업 정보에 대한 서류가 필요하니 관련 내용을 당장 이메일로 보내라'라는 전화를 받았다면 그 일을 어떻게 처리해야 할까? 촌각을 다투는 급한 일이라는 엄포에 직장인은 택시에서 내려 노트북을 켜고 인터넷에 접속할 수 있는 곳을 찾아 헤맸을 것이다. 택시에서는 인터넷에 연결할 수 없기 때문이다. 만약 달리는 자동차 안에서도 인터넷을 사용할 수 있다면, 직장인이 급한 업무 메일을 보내기 위해 택시에서 내리지 않아도 될 것이다.

이 문제를 해결해 줄 인터넷 연결 기술이 바로 무선 컴퓨팅 접속 기능, 즉 와이맥스이다. 와이맥스가 기존 무선 인터넷 연결 기술인 무선LAN, 즉 와이파이와 가장 다른 점은 움직이는 공간에서도 인터넷을 이용할 수 있게 한다는 점이다.

기존 무선LAN은 마치 집 안에서 사용하는 무선전화기를 이웃집에 들고 가서는 더 이상 사용할 수 없는 것과 같은 원리이다. 즉, 노트북이 인터넷을 접속할 수 있는 지역을 벗어나면 인터넷이 끊겨 버리는 것처럼, 통신 접근점을 벗어나면 기능을 할 수 없는 것이 기존 무선LAN 기술의 한계이다. 하지만 달리는 자동차나 지하철, 심지어 비행기 안에서까지 통화가 가능한 휴대폰처럼, 와이맥스는 이동 중에도 인터넷 연결이 끊기지 않고 계속 이용할 수 있게 해 준다. 와이맥스를 탑재한 노트북이나 PMP 등의 단말기 보급이 확산되면, 우리는 공간의 제약에서 당장 해방되어 언제 어디서나 이용할 수 있는 인터넷 세상을 즐길 수 있게 될 것이다. 환국은 곧 다가올 그날을 손꼽아 기다린다.

|3

20가지가 넘는 안전장치, 엘리베이터

도르래의 원리
– 01:10 p.m.

이래저래 심사가 뒤틀린 환국은, 팔짱을 끼고 딱히 무엇을 생각하지도 않으면서 물끄러미 노트북 모니터를 바라보다가 방을 나왔다. 노트북은 빠진 코드를 다시 꽂아 부팅시키면 되는 일이다. 하지만 환국은 그러고 싶지 않았다. 자식을 위해서라는 명목으로, 아들의 감정이나 사고 따위는 배제한 체 철저하게 어머니의 기준에 맞춰 생각하고 결정하는 행동이 너무 싫다.

　이때 밖으로 나가려는 환국을 보고 어머니가 "넌 어떻게 생긴 애가 30분도 엉덩이를 붙이는 적이 없니? 공부하다 말고 또 어딜 나가려는 건데?"라고 면박을 주며, 뒤틀어져 있는 환국의 심사에 더욱 불을 붙였다. 가만히 있을 환국이 아니다. "왜 어머니는 뭐든지 마음대로 하세요. 일기장 보지 말라고 했는데 또 뒤적거리고, 채팅할까봐 인터넷 선도 빼놓고. 그렇게 아들을 못 믿고 어떻게 사세요? 이제 어머니 마음대로 하세요. 제가 나가 버리면 되잖아요!"라고 소리를 지른 후 환국은 쏜살같이 밖으로 뛰쳐나왔다. 갑작스런 아들의 반격에 어머니는 눈이 휘둥그레져 멍하니 서 있다.

　뛰쳐나온 환국은 엘리베이터에 올라탔다. 혹시 어머니가 뒤따라올까 싶어 문이 저절로 닫히길 기다리지 못하고 '닫힘' 버튼을 먼저 누른다. '이렇게 수동으로 문을 닫으면 자동으로 닫는 것에 비해 전력이 더 소모된다고 하던데⋯⋯.' 그 와중에도 환국은 엘리베이터의 원리를 떠올린다.

▣ '닫힘' 버튼에 숨어 있는 비밀

많은 사람들이 환국처럼 알고 있는 이 상식은 사실은 논리적으로 맞지 않다. 문이 닫히는 원리는 전기 모터에 의한 것인데, 이것을 작동시키는 스위치가 수동식 스위치라고 해서 모터 구동 전력이 더 많이 소모될 까닭이 없다. 오히려 자동으로 닫힐 때는 전자식 타이머의 작동이 필요하므로 그것이 약간의 전력이라도 더 소모할 것이다. 하지만 결과적으로 보면 수동으로 문을 닫을 때 전력이 더 많이 소모된다. 그 이유는 엘리베이터의 운행 횟수에 차이가 생기기 때문이다.

자동으로 문이 닫히길 기다리는 엘리베이터가 하루에 100번 운행한다면, 수동으로 즉각 문이 닫히는 엘리베이터는 그만큼 기다리는 시간이 줄어들기 때문에 훨씬 많은 횟수를 운행하게 된다. 이 작은 시간들이 축적되어 1년 단위의 전력사용량을 집계할 때 큰 차이를 보이는 것이다. 그러니까 자동으로 문이 닫히길 기다리는 그 시간은 단지 엘리베이터 운행을 조금이라도 줄이려고 버티고 있는 시간일 뿐이다.

▣ 컴퓨터가 엘리베이터의 작동을 조절한다?

요즘 세상은 컴퓨터에 의해 움직인다. 컴퓨터가 없는 세상은 상상할 수도 없고, 주변을 보면 컴퓨터가 자리 잡지 않은 곳도 없다. 그런데 우리가 하루에도 몇 번씩 타게 되는 엘리베이터도 작은 컴퓨터에 의해 움직인다는 사실을 아는 사람은 그다지 많지 않다. 올라가고자 하는 층을 누르는 곳은 컴퓨터 자판이고, 올라가고 있는 층수를 보여 주는 곳은 모니터이다. 이 모든 동작은 엘리베이터 안에 들어 있는 마이컴에 의해 조정된다.

일반적으로 아파트 등의 고층 건물에는 옥상에 엘리베이터를 움직이는 기계실을 둔다. 그곳에 설치된 컴퓨터에 의해 전동기나 로프, 도르래 및 엘리베이터의 표시가 제어된다. 이것을 제어반이라

> **도르래** : 바퀴에 끈이나 체인 등을 걸어 힘의 방향을 바꾸거나 힘의 크기를 줄이는 장치. 지렛대, 쐐기 등과 함께 힘의 전달기구로 쓰이며, 두레박, 기중기 등에서 도르래를 이용한다.

고 하는데, 엘리베이터에서 신호가 들어오면 제어반은 전동기에 탑승자가 원하는 층으로 가라는 명령을 하고, 전동기는 목적층에 해당하는 회전수로 돌아가면서 엘리베이터를 보낸다. 이동할 층의 버튼이 눌릴 경우 센서가 엘리베이터의 위치를 파악하고, CPU는 엘리베이터가 구동되게끔 모터를 작동시켜 버튼이 눌린 층으로 엘리베이터를 이동하라는 명령을 전달하는 것이다.

도시인은 하루에도 몇 번씩 이 기계와 마주쳐야 한다. 엘리베이터는 문의 열고 닫음을 수없이 반복하면서 부지런히 탑승자를 실어 나른다. 엘리베이터의 문은 전동기에 의해 열고 닫히는데, 승객이 문 사이에 끼어 부상당하는 것을 막기 위해 문이 닫히는 속도는 일정하다. 문이 닫힐 때 감지기가 문 사이의 물체를 감지하면 문은 전기적으로 다시 열린다. 광전자 제어장치와 전자 근접장치 등이

이러한 작동을 제어한다.

작은 힘으로 승객을 이동시키는 편리한 엘리베이터

흔히 우리는 승객이 타는 밀폐된 공간인 '카(car)'를 엘리베이터의 전부라고 여긴다. 그러나 사실은 보이지 않는 곳에 승강로와 수많은 안전장치가 숨어 있는, 그야말로 덩치 크고 정밀한 기계가 엘리베이터이다. 이 기계는 크게 도르래와 로프, 승강기, 평형추로 구성되지만, 엘리베이터 한 대는 무려 3만~5만 개의 부품으로 구성될 정도이다.

우리는 일상생활 속에서 의식적으로나 또는 의식하지 못한 채 도르래의 원리를 이용하며 살아간다. 창문을 가리는 블라인드나 무거운 물체를 이리저리 옮기는 커다란 기중기에도 크고 작은 많은 도르래가 쓰인다. 엘리베이터 역시 고정 도르래의 원리를 응용한 승강 장치로, 꼭대기에 있는 전기모터가 도르래를 돌려서 엘리베이터를 위아래로 움직인다.

고정 도르래란 바퀴를 천장에 고정시킨 후 그 바퀴 위에 줄을 걸쳐 줄의 한쪽 끝에 물체를 묶고, 다른 쪽에서 줄을 당겼다 놓았다 하면서 반대쪽의 물체가 오르락내리락 상하로 운동하게 하는 장치이다. 엘리베이터가 운행하는 통로의 가장 꼭대기에는 대부분 고정 도르래가 달려 있고, 그 도르래에 두세 가닥의 두꺼운 로프

(쇠줄)가 매달려 있다. 로프의 한쪽 끝에는 사람이나 화물이 탈 수 있는 '카'가 있는데, 모터는 이 굵은 로프를 감았다 풀었다 하면서 엘리베이터를 움직인다.

로프의 다른 쪽 끝에는 무거운 평형추가 달려 있어서 엘리베이터의 무게와 균형을 맞춘다. 사람이 타지 않았을 때의 엘리베이터 무게와 추의 무게는 똑같아 둘은 평형 상태에 놓여 움직이지 않는다. 그런데 사람들이 올라타 '카'가 내려가면 평형추가 올라간다. 추의 무게는 최대 정원의 40~45% 정도 나가도록 설계되고, 엘리베이터와 추를 잇는 로프는 최대 정원 무게의 10배를 견딜 만큼 튼튼해야 한다. 반면 엘리베이터를 움직일 때의 전기모터는 승객을 움직일 수 있을 정도의 힘만 있으면 된다.

20가지가 넘는 안전장치를 가진 엘리베이터

가끔 우리는 도르래의 원리로 오르내리는 엘리베이터를 타면서, '혹시 엘리베이터가 추락하지는 않을까' 걱정하곤 한다. 환국도 여러 번 그런 생각을 한 적이 있다. 그러나 엘리베이터의 로프는 인위적으로 끊거나 폭파하지 않으면 끊어질 확률이 희박하므로 걱정하지 않아도 된다. 설사 로프가 끊어진다 해도 카가 정해진 속도의 30% 이상 상승하면 전원 장치가 작동하여 전원이 차단되고, 40% 이상 상승하면 가이드레일을 직접 물어 정지시키는 '비상정지 장치'가 작동하기 때문에, 카가 완전히 자유 낙하하는 확률은 희박하다. 가드레일에는 일정 거리마다 '비상정지 장치'가 있어 로프가 끊어져도 추락을 막을 수 있다는 뜻이다. 엘리베이터의 로프는 표기되어 있는 허용 중량보다 몇 배 이상 잘 견딘다. 엘리베이터의 정원은 한 사람의 체중을 65kg로 잡아 계산한다. 정원이 10명이면 허용 중량이 650kg이고, 로프는 그 2~3배를 감당할 수 있는 강도로 제작된다.

그렇더라도 만약 카가 자유 낙하하여 추락할 경우에는 엘리베이터 통로 바닥에 충격 흡수용 버퍼가 있기 때문에 충격이 완화된다. 이 밖에도 엘리베이터에는 20가지가 넘는 안전장치가 있어, 사고에 철저하게 대비한 상태이다.

루이 15세(Louis XV, 1710.2.15~ 1774.5.10) 프랑스 부르봉왕조의 왕 (재위 1715~1774). 엄격한 의식이나 정치를 싫어하여 정사를 A. H. 플뢰리에게 맡겼으나 계속되는 전쟁으로 재정 궁핍이 심각해졌다. 왕은 특권자에게도 과세하려다 고등법원과 충돌하였고, 재상 르네 드 모푸는 새로운 재판소를 만들어 재정적자를 메우려 하였다.

🖼 엘리베이터의 과거와 미래

전기가 나오기 전엔 엘리베이터를 증기기관으로 움직였다. 이 무렵 고안된 것이 '비상정지 장치'로, 이것은 1854년 뉴욕의 크리스털 팰리스 박람회에서 사람들에게 공개되었다.

이것을 고안해 낸 미국의 엘리샤 오티스는 안전성을 확인하기 위해, 자신이 직접 최상층에서 엘리베이터에 타고 도끼로 밧줄을 끊게 했다. 관중 속에서 비명이 터져 나왔으나 엘리베이터는 중간에서 멈췄다. 그러나 여전히 사람들은 엘리베이터에 오르기를 두려워했다. 제복을 입은 '엘리베이터 보이'가 동승한 것은 이 때문이다. 지금의 '엘리베이터 걸'은 남성이 여성으로 바뀐 것이다. 세계에서 처음 엘리베이터를 설치해 이용한 사람은 루이 15세이다. 왕은 자기 방에서 직접 애인의 방으로 가기 위해 엘리베이터를 설치해 놓고 이용했다고 한다.

현재 가장 빠른 엘리베이터는 높이 508m의 타이베이 국제금융센터에 설치된 것이다. 이 엘리베이터는 분당 1,010m, 시속 60km의 고속으로 운행된다. 보통 우리나라의 63빌딩과 같은 고층 빌딩의 엘리베이터는 우리가 알고 있는 엘리베이터와 전혀 다른 구조와 원리로 운용된다. 쇠로 된 로프 대신 벽에 자석이 붙어 있는 레일이 설치된다. 여기에 전기의 양극과 음극을 연속해서 바꿔주면 자석의 극성이 바뀌면서 엘리베이터가 위아래로 움직이는 힘

세계에서 가장 빠른 엘리베이터가 설치된 타이베이 시의 국제금융센터

을 만들어 준다. 이는 자기부상열차가 움직이는 원리와 비슷하다.

미래의 엘리베이터 신기술은 수백 m에 이르는 로프가 없고 수평으로도 자유롭게 이동하는 엘리베이터를 등장시킬 것이다. 20층 버튼을 누르면 로봇을 실은 소형 엘리베이터가 레일을 타고 올라간다. 레일은 벽에 붙여 세우고, 엘리베이터에도 벽의 레일과 포개지도록 만든 레일이 붙는다. 이는 마치 기찻길을 벽에 세우고, 기차바퀴는 길게 펴 엘리베이터에 붙여 놓은 형태와도 같다.

우주 엘리베이터도 등장한다. 우주 엘리베이터의 건설은 미국 항공우주국(NASA)이 계획 중이다. 우주공간과 지상을 엘리베이터로 연결하여 화물이나 인력을 운반하려는 게 목적이다. 성패의 열쇠는 엘리베이터를 매다는 초강도의 로프 개발과 지상에서 와이어 없이 전력을 공급해 상공에서 로봇이 작업을 할 수 있게 하는 기술 개발의 여부이다. 일반적으로 이 기술들은 15년 후면 실현이 가능하다고 전문가들은 말한다.

지금 환국은 10대의 마지막을 장식하는 19세의 고3 학생이다. 우주 엘리베이터를 탈 수 있는 15년 후면 환국은 30대 중반이 되어 있을 것이다. 그때쯤이면 이미 아이 둘은 낳아, 자신의 가족들과 손에 손을 잡고 우주를 향한 엘리베이터에 올라탈 수 있지 않을까? 환국도 꿈을 안고 그 실현을 지켜볼 생각이다.

14

단말기와 정보 교환을 나누는 관계, 교통카드

쌍방향 무선통신의 원리
- 01:25 p.m.

여름인데도 황사가 심하다. 뿌옇게 먼지로 뒤덮인 하늘, 조금만 걸어도 땀이 줄줄 흐르는 무더운 날씨. 그 안에서 환국이는 딱히 갈 곳이 없다. 게다가 토요일 아파트 단지의 의자는 아주머니와 아이들이 차지하고 있어 빈자리가 없다. 학원에서 돌아오는 자식들을 맞이하려는 어머니들이다.

환국은 그대로 황사가 가득한 거리를 걷는다. 지난 태풍과 폭우로 중간중간 가지가 잘린 험악한 나무들과, 떨어진 꽃잎이 길에 아무렇게나 널려 있다. 어디를 가더라도 상관없지만 어디로도 가고 싶지 않다. 다만 졸음이 조금 밀려와 잠자기 좋은 곳 몇 군데를 떠올린다. 하지만 모두 밀치고 지하철에 오르기로 결정한다. 우선은 눈을 감고 조금 쉬고 싶을 뿐이다.

지하철 개찰구에 교통카드를 대고 승강장으로 내려가니 때마침 전철이 도착해 있다. 환국이 올라탄 전철의 문이 막 닫히는 순간, 전철 문과 얼마 떨어지지 않은 곳에서 어머니가 환국이가 서 있는 쪽을 바라보며 내려오라고 손짓하는 모습이 보였다.

▣ 버스안내양의 자리를 꿰찬 교통카드

몇 년 전까지만 해도 사람들은 버스 요금을 내기 위해 주머니에 동전이나 천 원짜리 한 장을 넣고 다녔다. 1980년대 초만 해도 버스를 타면 운전사 말고도 승객을 반기는 버스안내양이 있었다. 버스안내양은 승객이 내릴 때 요금을 받고, 내릴 손님이 다 하차하면 '오라이'라며 기사에게 버스가 출발해도 좋다는 신호를 보냈다. 그러나 지금의 버스에는 안내양이 없다. 자동문이 설치되고, 탈 때 요금을 받는 장치가 생기면서 설 자리를 잃었기 때문이다.

과거 버스안내양의 모습

요즘은 교통카드만 갖다 대면 버스나 전철을 쉽게 이용할 수 있다. 잔돈 계산에 신경 쓸 필요가 없고, 귀찮게 지갑에서 카드를 꺼내지 않고 지갑이나 가방을 갖다 대기만 하면 쉽게 처리되니 편하다. 이처럼 접촉 없이 카드를 넣은 지갑만 근처에 대도 교통요금을 낼 수 있는 카드를 무선ID라고 한다. 무선ID는 비접촉식이기 때문에 편리하고, 훼손 가능성이 적다. 그렇다면 교통카드는 어떤 원리로 작동하는 것일까?

친구와 적을 확인하는 신기한 장치

사람들은 흔히 교통카드를 바코드의 일종으로 생각한다. 하지만 교통카드는 바코드도 없거니와 흰줄과 검은 줄을 이용해서 고유 번호를 표시하는 바코드와는 기술이 다르다.

무선ID의 작동 원리는 무선주파수에 의한, 카드와 안테나 사이의 쌍방향 무선통신이다. 교통카드 시스템의 무선통신 기술은 RFID(Radio Frequency IDentification)라고 부른다. '전파 인식'으로도 불리는 이 기술은, 전파 신호를 통해 직접 접촉하지 않아도 교통카드 내부의 IC칩과 단말기가 서로 데이터를 교환할 수 있는 방식이다.

RFID의 핵심은 반도체를 이용하여 복잡한 논리 회로를 한꺼번에 새겨 놓은 집적회로, 즉 IC(Integrated Circuit)이다. 이는 복잡한 기능을 가진 컴퓨터 회로를 얇은 기판 위에 만든 것으로, 그 뿌리는 제2차 세계대전에서 찾을 수 있다. 당시 영국은 자신의 나라로 들어오는 비행기 중 아군과 적군의 비행기를 구분하기 위해 최초의 RFID를 개발했다. 친구와 적을 확인하는 장치였던 셈이다.

집적회로의 기능은 의외로 단순하다. 버스나 지하철 입구에 설치된 수신기에서 전달되는 특수한 신호에 따라, 회로의 내부에 저장하고 있던 암호화된 고유 번호를 특별한 주파수의 전파로 발신해 주

육안으로 구분이 힘든 IC칩

는 것이 전부이다. 흰줄과 검은 줄 표시의 바코드와 달리, 교통카드는 전자회로 속에 고유 번호를 저장하는 것이다.

IC칩에는 저장된 정보에 비허가자의 접근을 막는 암호 알고리즘과 키(key : 비밀번호)라는 보안 장치가 들어 있다. 암호 알고리즘은 IC칩에 저장되는 자료를 암호화한다. 그래서 저장된 자료를 타인이 읽더라도 본래의 내용을 알 수 없다. 또 IC칩 내부의 자료에는 키 값이 부여돼 있어 그것을 모르면 칩 내부 자료로의 접근이 차단된다.

배터리 없이 전파를 내보내는 교통카드

우리가 지하철을 타기 위해 승강장 안으로 들어가려면 개찰구마다 설치된 단말기에서 '요금을 내라'는 전파를 내보낸다. 교통카드는 이 전파를 받아들여 카드에 충전된 금액에서 요금을 공제한 다음 '요금을 냈다'는 전파를 보낸다. 그리고 단말기가 이것을 받아들인 후 문을 열어 준다. 만약 충전된 금액이 부족하거나 사용이 정지된 불량카드여서 '요금을 내지 않았다'라는 전파를 내보낼 경우, 단말기는 문을 열어 주지 않는다. 방송국에서 보내온 전파를 라디오가 수신하여 음악을 들을 수 있는 것과 같은 원리이다. 단지 교통카드는 방송국처럼 전파를 멀리 보내지 못한다는 차이만 있을 뿐이다.

패러데이(Michael Faraday, 1791. 9.22~1867.8.25) 영국의 화학자·물리학자. 벤젠 발견 등 실험화학상 뛰어난 연구를 하였고, 물리학의 전자기학 부분에서 여러 가지 전기의 동일성을 간파, 보편성을 가진 통일 개념으로서의 전기를 제창하였다. 그 외에 '패러데이효과'와 반자성 발견 등 중요한 공헌이 많다.

여기서 한 가지 의문이 생긴다. 전파를 보내기 위해서는 동력원인 전기가 있어야 하는데 플라스틱인 교통카드에는 배터리가 없다. 교통카드에 배터리가 있다면 휴대전화처럼 주기적으로 충전을 시켜야 하지만, 교통카드는 그럴 필요가 없다. 주위에서 볼 수 있는 교통카드 충전소란 IC칩 내부의 금액에 관련된 정보를 변경시키는 것이지, 전기를 충전시키는 것이 아니다.

그럼 어떻게 전파를 내보낼 수 있을까? 여기에는 '전자기 유도 현상'이라는 물리 법칙이 숨어 있다. 이 '전자기 유도 현상'은 1831년 영국의 패러데이가 발견한 원리로, '자기장을 변화시키면 전류가 흐르게 된다'는, 전기와 자기가 서로 연관돼 있음을 보여 주는 법칙이다.

교통카드와 단말기의 친밀한 관계

교통카드와 단말기의 정보 교환은 휴대전화와 기지국의 방식과 비슷하다. 휴대전화의 기지국은 끊임없이 전파를 내보낸다. 기지국의 신호를 받은 휴대전화는 자신의 위치 정보를 계속해서 기지국으로 보낸다. 서로의 전파를 교환함으로써 언제라도 걸려오는 전화를 받거나 전화를 걸 수 있는 것이다. 물론 휴대전화에 배터리가 충전돼 있는 한 말이다.

그런데 전기를 따로 공급하지 않는 교통카드는 단말기와 무선통신을 통해 정보를 주고받는다. 교통카드에는 반도체칩, 콘덴서(축전지), 그리고 이들을 연결하고 있는 구리선 코일이 있다. 코일은 카드의 네 모서리를 따라 여러 번 감겨 있고, 코일 끝에 정보를 저장해 두는 IC칩이 연결되어 있다. IC칩의 표면적은 고작 $3mm^2$, 가로 세로의 길이가 약 1.7mm밖에 되지 않는다. 이 작은 칩에는 단말기와 주고받는 정보, 즉 사용자가 버스나 전철을 언제 탔는지(시간), 그리고 지금까지 얼마나 탔는지(요금) 등의 정보가 입력된다.

사실 얼마 전만 해도 교통카드에는 시간이 입력될 필요가 없었다. 그러나 갈아탈 때 요금을 깎아 주는 환승요금제를 실시하면서 시간 정보가 중요해졌다. 갈아탄 지 2시간 이내에 다른 교통수단을 이용하면 요금을 할인해 주기 때문이다. 교통카드 내의 콘덴서와 코일은 카드와 단말기가 교신하는 데 필요한 전기를 생산하고 저장한다. 콘덴서는 코일에서 발생한 전기를 모은다. 그래서 교통카드와 단말기의 무선통신이 가능하다.

교통카드는 전기를 발생시키기 위해 유도전류를 이용한다. 지하철 개찰구 단말기에는 전송코일에 해당하는 제1코일이 있어서 계속 자기장을 발생시킨다. AM 라디오 방송의 주파수 대역에 속하는 무선전파(125kHz)를 끊임없이 밖으로 내보내는 것이다. 교통카드와 안테나(단말기의 카드리더) 사이의 거리가 10cm가 되

유도전류 : 전자기유도 법칙에 따른 유도기전력에 의해 회로에 흐르는 전류이다. 유도전류는 역학적 에너지를 전기적 에너지로 바꿀 수 있는 방법으로 발전기의 주요한 원리이다.

자기장 : 자석 주위에 자기력이 작용하는 공간을 말한다.

면, 전파는 사각형 모양으로 교통카드 속에 내장된 제2코일을 감응시켜 충분한 양의 전기를 생산해 콘덴서에 저장한다.

단말기의 제1코일에서 나온 자기장은 교통카드의 제2코일을 만났을 때 효과를 나타낸다. 단말기의 제1코일로부터 나온 자기장의 세기로 카드의 네 모퉁이를 둘러싼 제2코일에 전류를 흐르게 하기 때문이다. 즉, 유도전류가 생기는 것이다. 교통카드 단말기에 강한 자기장이 흐르고 있어서 교통카드를 가까이 가져가면 카드의 코일에 전류가 발생하고, 그것이 IC칩을 작동시켜 카드와 단말기 사이의 정보를 주고받을 수 있게 하는 것이다. 이렇게 발생한 유도전류는 IC칩 내부에 저장돼 있는 금액을 깎도록 작동시키기에 충분한 힘을 발휘한다.

IC칩은 금도금이 되어 있어 노란색으로 반짝거린다. 왜 금을 썼을까? IC 카드는 판독기가 있어야 IC칩 내부에 정보를 기록하고 저장할 수 있는데, 판독기와 연결될 때 전도성을 좋게 하기 위해 금도금을 하는 것이다. 전도성이 좋은 물질은 금 이외에도 많이 있지만, 가공성이나 색깔이 좋아 금을 사용한다.

🖼 교통카드를 사용하기 위한 우리들의 준비 자세

현재 교통카드는 미리 돈을 충전해 놓는 선불식, 그리고 나중에 계산되는 후불식의 두 종류가 있다. 이 둘의 차이는 단지 요금의 지불 시기가 다르다는 것뿐, 단말기와 카드 사이의 무선통신 방식은 같다. 지하철이나 버스회사는 단말기의 메모리 장치를 회사 내의 서버에 연결해 일괄적으로 요금을 처리한다. 지하철과 버스를 동시에 이용할 수 있는 교통카드는 고속도로 요금을 정산하는 데에도 쓰일 전망이다. 이는 자동차에 교통카드를 두면 시속 70~80km의 속도로 지나가도 자동으로 요금이 정산되는 시스템이다. 빠른 속도로 달려도 문제없이 처리되기 때문에, 요금을 내기 위해 톨게이트에서 길게 늘어설 필요가 없다. 따라서 그 편리함은 이루 말할 수 없을 것이다.

참, 교통카드를 사용할 때 잊어서는 안 될 것이 있다. 환승할인 혜택을 받으려면 승차할 때나 하차할 때 반드시 교통카드를 단말기에 접촉해야 한다는 것이다. 하차 시 단말기에 접촉하지 않았을 경우에는 다시 신규 요금을 지불하게 된다. 환국도 차에 올라탈 때만 단말기에 교통카드를 대고, 내릴 때에는 친구와 잡담하다 찍는 걸 잊어 요금을 배로 지불한 경우가 허다하다. 환국처럼 되지 않으려면 누구나 명심해야 한다!

15

한 장에 담은 모든 것, 신용카드

자기테이프를 이용한 자기인식의 원리
- 01:30 p.m.

'차라리 어머니와 마주치지 않았더라면 마음이라도 편할 텐데……'
의도나 과정이 어찌되었거나 어머니를 지하철역까지 뒤쫓아오게끔 일을
이 지경으로 몰고 온 장본인은 바로 환국 자신이 아닌가. 그걸 생각하니
마음이 괴롭다. 자신과 마주친 그 얼굴이 어머니가 아닌 그저 단순한 착
각이길 바랬지만, 원망스럽게도 그것은 착각이 아니었다. 분명 어머니의
얼굴이었다. 그러나 어쩌겠는가, 이미 열차는 달리고 있는 것을. 환국은
다시 모질게 마음먹는다. '남자가 한번 칼을 뽑았으면 무라도 찔러 봐야
하지 않겠냐'는 결심이 이미 마음에 더 크게 자리 잡고 있었으니까.

　신용 카드로도 계산할 수 없는 마음의 계산이다. 그 마음은 비싼 값에
팔아 버릴 수도, 비싼 값으로도 살 수 없다. 환국은 왼쪽 안주머니에서
수첩을 꺼내 자신의 학생증을 쳐다본다. 거울을 보듯, 사진을 통해 자기
를 바라보기 위함이다. 생긴 건 멀쩡하다. 그런데 왜 어머니 속을 그렇
게 썩이는지 자신도 알다가도 모를 일이다. 학생증 오른쪽에는 사진이
붙어 있고, 아래에는 '김환국'이라고 쓰여 있다. 왼쪽에는 금색으로 반
짝이는 IC칩이 붙어 있다. 환국은 조금 전에 학생증이 들어 있는 수첩을
지하철 단말기에 살짝 대어 요금을 지불하고 전철을 탄 것을 떠올린다.

현금보다 안전한 신용카드의 원리

우리의 지갑 속에는 교통카드 말고도 신용카드, 현금카드, 전화카드, 전철 승차권, 신분증 등의 여러 가지 카드들이 빼곡히 들어 있다. 카드는 돈과 같은 기능을 하면서도 한결 편리하게 물건을 사거나 버스나 은행을 이용할 수 있게 해 준다. 게다가 현금카드나 신용카드는 비밀번호를 알아야 하거나 서명을 해야만 쓸 수 있기 때문에 현금보다 더 안전하게 사용할 수 있다.

신용카드가 앞서 소개한 교통카드와 다른 점은 자기테이프(MS : Magnetic Stripe)이다. 신용카드의 뒷면을 보면 교통카드와 달리 검은색 띠가 있는데, 이것이 자기테이프이다. 즉, 신용카드는 자기테이프를 정보저장 매체로 사용하는 자기카드인 것이다. 자기테이프는 카드나 신분증 등의 용도에 따른 정보를 저장한 일종의 자기 기록장치이다.

영어명 '마그네트(Magnet)'라는 이름은 암석과 지명에서 유래됐다. 옛날 그리스인들은 소아시아의 마그네시아(Magnesia) 근처에서 발견된 어떤 암석이 쇠붙이를 끌어당겨 달라붙게 하는 힘이 있다는 사실을 알게 되었다. 양치기가 들고 다니던 쇠 조각이 붙은 지팡이를 이상한 돌이 끌어당긴 것이다. 그들이 발견한 암석은 마그네타이트(Magnetite)라 불리는 철광석의 한 종류이며, 마그네타이트가 끌어당기는 이 힘이 바로 자기(Magnetism)이다.

자석의 힘은 어디서 오는 것일까. 자기(磁氣)는 눈으로 볼 수 없

는 힘이며, 다만 그것이 일으키는 작용에 의해서 알 수 있다. 바람
이 거대한 힘을 가지고 있으나 눈에 보이지 않는 것과 같다.

　자석 주위에는 눈에 보이지 않는 자력선이 존재한다. 이 자력선
이 나오거나 들어가는 점이 자석의 두 극이다. 초등학교 때 쇳가루
를 뿌려 놓은 책받침 밑에 자석을 갖다 대면, 쇳가루가 자석의 양
쪽 끝에서부터 원형으로 퍼져 나오는 것을 본 적이 있을 것이다.
이것이 바로 자력선이라 생각하면 된다. 신용카드의 자기테이프는
이 힘의 원리를 이용한 것이다.

신용카드의 자기테이프의 원리는 무엇일까?

　플로피디스크에 정보를 저장하려면 포맷(format) 기능을 사용
해 플로피디스크를 트랙으로 나누는 것처럼, 자기테이프도 트랙으
로 나눠 정보를 저장한다. 물론 플로피디스크에 정보를 저장하는
방식과는 다르다. 용량을 표시할 때 바이트(byte) 대신 '문자'라는
용어를 사용한다. 자기테이프는 트랙(track)1, 2, 3으로 구분된다.
트랙1은 79문자, 트랙2는 40문자, 트랙3은 107문자를 저장할 수
있다. 하지만 자기카드를 모든 나라에서 공용으로 사용하기 위해
트랙1은 항공사, 트랙2는 신용카드 회사, 트랙3은 금융기관 등이
각각 나눠 사용한다. 그래서 최대 저장 가능한 226문자 모두를 사
용할 수는 없다. 트랙3은 트랙1, 2와는 달리 정보의 읽기 및 쓰기

자기테이프

가 가능하다.

자기테이프는 자석을 움직이면 전류가 흐르고, 반대로 전류의 방향을 바꿔 주면 자기장의 변화가 생기는 전자기 유도를 이용한 것이다. 자기테이프의 재료로는 자화되기 쉬운 산화철을 많이 사용하는데, 여기에 전기적 신호를 주면 밴드 표면에 자취가 남는다. 전류에 의한 자기 유도인 셈이다. 다시 이 자기테이프를 현금입출력기나 전화기에 넣으면, 이번에는 자기테이프에 의해 전류가 유도돼 기록된 정보가 입력된다. 즉, 자기테이프를 가진 신용카드나 공중전화카드, 지하철 승차권 등은 카드가 현금인출기나 카드판독기를 통과할 때, 카드에 기록된 자기정보가 카드판독기의 코일에 전기 신호를 유도하는 자기인식 방식이다. 이 신호는 판독기 내부로 흘러 2진수의 특정코드로 변환돼 카드에 담긴 정보를 입력받는다. 자기테이프에는 미세한 자석 가루가 정렬돼 있는데, 이곳을 단말기에 접촉시켜 어떤 방향으로 배열돼 있는지를 읽어 내어 정보를 확인하는 것이다.

산화철 : 철과 산소의 화합물. 환원, 가열, 연소의 방법으로 얻을 수 있으며 천연에서 적철석, 자철석으로 산출 된다. 자성이 있어 반도체, 마그넷, 자기테이프의 원료로 쓰인다.

카세트 테이프나 컴퓨터의 하드디스크도 이와 같은 원리이다. 노래를 녹음하거나 데이터를 저장할 때 탄소 막대에 감겨 있는 헤드라는 부분에서 전기가 흐르면 자력이 발생해, 그 끝에 닿는 테이프나 디스크의 자성물질이 자화된다. 거꾸로 자화된 부분이 헤드 부분을 지나면 코일에 전기가 유도된다. 비디오테이프, 은행 통장 등 자기테이프가 부착된 것에는 모두 이 원리가 적용된다.

📺 편리하지만 위험한 신용카드

이와 같은 자기테이프 방식의 카드는 공중전화카드처럼 저장해야 할 정보가 적은 경우는 상관없지만, 은행카드나 신용카드처럼 많은 정보를 저장하기에는 불편하다. 저장량의 한계 때문이다. 복제도 가능해 보안상으로도 문제가 생긴다. 또한 자기테이프는 자화된 상태이므로 일상생활에서 강력한 자석에 노출되면 입력된 정보 내용이 지워진다. 오랫동안 사용할 경우 마찰로 인해 검은색 띠가 닳기도 하여 다시 만들어야 하는 번거로움도 따른다. 정보를 읽어 들이는 속도 또한 매우 느리다.

이렇듯 자기테이프의 단점에서 오는 불편함은 있지만, 그래도 아직까지 현금 대신 쓸 수 있는 카드로는 신용카드가 으뜸이다. 신용카드는 참 편리하다. 신용카드를 제시하고 전표에 서명만 하면 현금 없이도 상품을 살 수 있다. 그러고 나서 한 달 동안 사용한 금액을 한꺼번에 신용카드사에 지불하면 된다. 그러나 직불카드와 달리, 통장에 예금된 돈이 없어도 내가 원하는 물건을 살 수 있는 편리한 매력 때문에 계획 없이 신용카드를 사용하다 보면 자칫 낭비벽에 빠져들게 된다. 재벌 2세 부럽지 않게 여기저기에서 책임 못 질 신용카드를 긁다 보면 신용불량자로 추락하는 건 시간 문제이다. 날아올 신용카드 내역서가 두렵다면, 신용카드의 유혹에 절대로 빠지지 말자.

카드의 모든 기능을 한 장에, 스마트카드

고3이 되자마자 환국의 지갑 속에 전에 없던 변화가 생겼다. 기껏해야 공중전화카드와 학생증이 전부였던 지갑이 어느새 다른 물건들로 채워지기 시작한 것이다. 새롭게 등장한 것은 신용카드이다. 한 장의 카드에 이것들을 모두 담아 사용하면 간단하고 편리할 텐데……. 그것은 환국 혼자만의 꿈일까?

환국의 바람처럼 카드의 모든 기능을 한 장에 통합하여 수많은 일을 한꺼번에 처리하는 카드가 등장했으니, 바로 스마트카드이다. 스마트카드란 이름 그대로 카드를 이용해 신분을 증명하고, 돈을 지불하며, 자신의 정보를 보호할 수 있는 '똑똑한' 카드를 말한다. 스마트카드는 교통카드와 신용카드, 현금카드뿐만 아니라 학생증이나 운전면허증, 심지어는 회원카드나 전자식 입장권에 이르기까지 많은 것들을 단 한 장으로 처리할 수 있게 한다. 어떻게 이 것이 가능할까? 바로 IC칩을 카드에 집어넣어 많은 양의 정보를 담을 수 있게 했기 때문이다.

우리는 두 가지 이상의 카드를 하나로 통합한 '하이브리드카드' 나 '콤비카드'와 같은 카드에 보통 스마트카드라는 이름을 붙인다. 하지만 그것은 진정한 의미의 스마트카드가 아니다.

하이브리드카드는 직불카드와 같은 접촉식 카드와 교통카드와 같은 비접촉식 카드의 기능을 물리적으로 한 장에 결합한 형태이 다. 모네타카드, KTF 멤버스카드, M-plus카드 등이 대표적인 하 이브리드 카드이다. 이 카드들은 기능이 다른 두 종류를 한 장의 카 드에 합쳐 놓은 것에 지나지 않는다. 이처럼 두 장의 카드를 지녀야 하는 불편함을 한 장의 카드로 통합한 것이 하이브리드카드이다.

여기서 한 단계 발전한 개념이 콤비카드이다. 콤비카드는 접촉 식 카드와 비접촉식 카드를 물리적으로뿐만 아니라 논리적으로 결합시킨 것이다. 물리적으로 결합시킨 하이브리드카드의 경우에 는 각각의 기능이 상호 연동될 수 없지만, 논리적으로 결합한 콤 비카드는 각 기능의 상호 연동이 가능하다. 예를 들어 접촉식으로 사용될 부분에 10만 원을 충전했을 경우, 하이브리드카드라면 비 접촉식 기능으로 이 돈을 사용할 수 없겠지만 콤비카드의 경우라 면 사용이 가능하다.

콤비카드보다 한 단계 업그레이드된 카드로서 지금까지 따로 사용해야 했던 모든 카드를 통합한 것이 바로 스마트카드이다. 스마트카드는 탁월한 보안성과 방대한 기억용량을 자랑한다. 때문에 그 자체로 복제나 위조가 힘들 뿐만 아니라, 단말기에 삽입하면 스스로 단말기와 '대화'를 나눈다. 대화의 과정에서는 암호문을 쓴다. '주인의 신상·금융 정보가 이러저러하니 맞는지 확인해 달라'고 요청하면, 단말기가 그 진위 여부를 알려 준다. 신용카드, 직불카드, 전자화폐, 마일리지 등 다양한 프로그램과 신상에서 금융정보까지 안전하게 저장하여, 진짜 사용자인지 그리고 허용된 서비스인지의 여부를 우선 검증해 주는 것이다.

신용카드로 병원에서 진료를 받는다고?

현재는 교통카드도 스마트카드라고 부르지만, 진정한 의미의 스마트카드에는 개인의 모든 정보가 암호화돼 들어 있다. 암호화의 결정판인 스마트카드가 실생활에 등장하면 교통카드나 신용카드로 사용할 수 있는 것은 기본이고, 카드 하나로 모바일 뱅킹을 한다거나 원격으로 인감증명서를 발부 받는 것도 가능해진다. 또한 스마트카드에 자신의 진료 기록이 계속 저장되기 때문에 포항에서 진료를 받다가 서울에 가더라도 이어서 진료를 받을 수 있다. 만일 카드를 잃어버린다고 해도 염려 없다. 생체인식 기술을 통해 카드의 주인만 사용할 수 있기 때문이다. 이처럼 모든 면에서 사용자를 완벽에게 보호해 주고 지켜 주는 카드가 스마트카드이다.

스마트카드의 대표적인 이용 분야는 전자화폐이다. 전자화폐는 말 그대로 전자적인 기호의 형태로 화폐의 가치를 보관해 둔 것으로, 스마트카드의 IC칩이나 컴퓨터를 통해서 전자정보로 저장했다가 사용하는 화폐이다. 즉, IC칩에 저장된 돈의 사용량을 은행에 시시각각 온라인을 통해 알려 줌으로써 스마트카드를 마치 현금처럼 사용할 수 있는 것이다. 이렇게 되면 지갑이 불룩해지도록 현금을 넣고 다니거나, 현금으로 물건을 사고 잔돈을 거슬러 받는 일이 없어진다. 전자상거래가 활성화되면서 전자화폐는 중요한 관심사로 떠올랐다. 전자화폐를 현금과 비교했을 때의 가장 큰 이점은 각종 거래가 네트워크에서 전자적으로 간편하게 이뤄지고, 유통비용이 절감된다는 것이다.

스마트카드가 등장하면 카드가 빽빽이 들어 있던 지갑 속 자리에 대신 채워야 할 게 있다. 사랑하는 사람들의 사진이다. 환국이 처음 지갑이라는 것을 가졌을 때, 그 안에는 꽉 찬 가족애가 담겨 있었다. 그 처음처럼 가족들과 사랑하는 사람들의 사진으로 꽉 찬 지갑, 그래서 자꾸만 열어 보고 싶은 지갑, 날아갈 듯 가벼우면서도 건전함으로 채워진 우리 사회의 지갑을 꿈꾸어 보자.

16

끝이 없는 디지털의 세계, MP3

음악 파일의 압축 기술
- 01:30 p.m.

토요일이라서 그런지 지하철 안은 빈자리가 많다. 지하철 안에서 가장 당황스러운 일은 앞자리에 앉아 있는 사람이 얼굴을 물끄러미 바라보는 것이다. 생각 없이 쳐다보다가 우연히 눈이 마주치게 되면 얼굴을 돌려 피해 버리는 게 상책이다. 환국은 그런 어색함을 피해 눈을 감는다. 적당한 곳에서 눈을 떠도 이 피곤함이 가시지 않는다면 종점까지 갈 수도 있을 것이다. 종점에서 조금만 더 가다 보면 바다가 있겠지만 그곳에 가고 싶은 마음은 크지 않다. 이 망가진 오후에 바다로 가게 된다면 다시 유쾌하지 않은 현실과 맞닥뜨릴 것 같아 불안하다.

조용히 눈을 감은 환국이는 어머니 얼굴을 떠올린다. 돌아오라 손짓하는 모습이다. 눈을 감고 있기 괴로워 환국은 아예 잠자기를 포기한다. 그러나 그 공간에서 눈을 말똥말똥 뜨고 그냥 있으려니 어색하기 이를 데 없다. 그렇게 흘려보낼 시간이 무의미하다. 환국은 DMB 휴대전화로 MP3 음악을 듣기 위해 이어폰을 귀에 꽂는다. 소리를 크게 틀어 귀로는 음악에 심취하고, 눈으로는 DMB 단말기의 화면을 통해 영화를 감상한다. 주머니에 쏙 들어갈 크기의 휴대전화로 영화 감상까지 할 수 있다니, '내 손 안의 TV'라는 말이 실감이 나는 순간이다.

CD에서 MP3로의 변화

윈앰프(Winamp) : 미국의 널소프트(Nullsoft)가 1997년 개발한 사운드 재생 프로그램. 컴퓨터 음악의 재생 프로그램으로 컴퓨터 속의 오디오 연주기라 할 수 있다. MP3 이외에도 CD·WMA·MOD·WAV·Audiosoft 등 대부분의 음악 파일 재생을 지원한다.

MP3는 멀티미디어 데이터 압축 기술이 빚어낸 최고의 상품이다. 4MB(메가바이트) 안팎의 파일 크기로 일반 음악 CD와 거의 비슷한 음질을 보장한다. MP3 열풍에 불을 댕긴 것은 MP3 플레이어 '윈앰프'이다.

MP3는 음악을 압축한 컴퓨터 파일이다. 컴퓨터에서 음악이나 영화, 방송 등을 그냥 보려면 파일 크기가 너무 커서 불편하다. 그래서 파일을 압축해서 보게 되는데, 이때 필요한 기술이 엠펙(MPEG) 기술이다. MP3는 엠펙 기술의 일종으로, 'MPEG Audio Layer-3'의 줄임말이다. 엠펙이란 Moving Picture Experts Group의 약자로서 동영상의 압축에 관한 규약, 즉 동영상과 관련된 표준규격을 협의하는 국제협회의 이름임과 동시에 여기에서 만들어진 표준을 뜻한다.

시간과 공간을 적게 들여 많은 정보를 처리하는 것은 누구나 원하는 바이다. 특히 움직이는 영상은 정보의 양이 엄청나게 많아 처리 공간과 시간을 절약하는 것이 필요하다. 가령 800×600 해상도를 갖는 화면에 컬러 동영상을 1초에 30장씩 압축 없이 뿌려 준다고 하면, 필요한 정보의 양은 $800 \times 600 \times 3$(적색, 녹색, 청색)Byte $\times 30 = 43.2$MB가 된다. CD의 용량이 650MB이므로 대략 CD 한 장에 15초 정도의 동화상밖에 넣을 수 없는 것이다. 또한 처음 화면과 다음 화면을 매 순간마다 다시 받아 처리하려면 그만큼 시간이 길어진다. 때문에 압축을 해서 반복되는 처리를 생략하고 처리 속도를 높일 필요가 있다.

MP3의 압축률과 음질의 비밀

방송 뉴스는 1초당 약 30개의 화면을 찍는다. 아나운서가 뉴스를 말할 때 첫 화면과 두 번째 화면을 보면 얼굴 부분 외에는 거의 바뀌는 것이 없다. 얼굴에서도 눈과 입 정도만 많이 바뀐다. 엠펙 기술은 이러한 경우, 바뀐 부분만 기억한 뒤 나중에 변하지 않은 부분과 그것을 합쳐 재생한다. 한 화면을 수만 조각으로 잘라 그중에서 변한 부분과 그렇지 않은 부분을 골라내는 것이다. 이처럼 반복되는 정보를 줄이고 변한 정보만 골라낸다면 상당한 공간을 확보할 수 있다. 이렇게 정보를 압축하여 저장 공간과 처리 시간을 어떠한 방식으로 절약할 것인가를 규약으로 정해 놓은 것이 엠펙이다.

우리가 감상하는 비디오 CD도 엠펙이 만든 규격인 MPEG-1 표준으로 만든 것이다. 엠펙에서는 동영상 압축 포맷에 대한 표준을 만들면서 오디오 압축에 대한 표준도 정했는데, MP3는 바로 MPEG-1의 오디오 압축 기술에서 파생됐다. MP3의 기본인 MPEG 오디오는 CD 음질을 낼 수 있는 샘플링 44.1kHz, 16비트의 음악 파일을 얼마나 줄일 수 있느냐에 대한 규격이다.

음악도 마찬가지다. 오디오 압축 기술은 대체로 청각 심리모델을 이용하여 압축한다. 인간의 귀로 들을 수 없거나 듣지 않아도 되는 부분을 버리고 디지털화함으로써 데이터를 줄이는 것이다. 아날로 그 음악을 디지털화하는 과정에서 인간이 들을 수 있는 가청 주파수 범위를 넘거나, 전문가나 구별할 수 있는 특정 악기소리 뒤에 붙는 여운 등은 빼게

> **가청 주파수** : 사람의 귀가 소리로 느낄 수 있는 음파의 주파수 영역 으로, 보통 16Hz~20kHz의 주파 수 대역이다.

된다. 이렇게 하면 음악 한 곡은 11분의 1 정도로 압축된다. 한 곡 당 수십 MB에 해당하는 데이터가 4~5MB로 줄어드는 것이다. 이 것이 10여 곡 정도 들어가는 기존 음악 CD와 달리, 100여 곡을 CD 한 장에 담을 수 있는 MP3의 압축률과 음질의 비밀이다.

MP3의 3에 담긴 비밀

여기까지는 환국도 이해하는 부분이다. 환국이가 알지 못하는 부분은 MP3의 3이다. 압축된 음악 파일 소리가 삼삼하게 들려서 3을 붙인 걸까? 물론 환국이의 엉뚱한 생각과는 거리가 먼 MP3의 3이다.

1988년 공동 개발한 MPEG-1 기술 중 오디오 압축 기술은 압축 률과 데이터 구조에 따라 레이어(Layer)-1, 2, 3의 세 가지로 분류된 다. 이 중 가장 압축률이 우수한 것이 레이어-3이며, 그 파일의 확장 자가 바로 MP3이다. MPEG Audio Layer-3를 MP3라고 하는 것이 다. 즉, MP3 파일은 MPEG-3에 속한 것이 아니라 MPEG-1 중 오

디오 부문에 속한 기술이다. 이제 3이 무엇을 의미

하는지 이해가 될 것이다. MPEG 기술로는 종류

에 따라 현재 MPEG-1, MPEG-2, MPEG-4,

MPEG-7, MPEG-21 등이 있다. MPEG-1은 컴퓨터에서 동영상

을 압축할 때 이용하는 기술로, CD가 주 응용 대상이다. 그러나 정

보의 전송속도가 초당 1.5MB 정도로 느리기 때문에 화질은 TV보

다 좋지 않다.

MPEG-2는 고화질 TV(HD TV)에서 동영상을 압축하는 기술이

며, DVD가 주 응용 대상이다. 정보의 전송속도가 초당 2~80MB

정도로 월등히 빨라져 TV보다 좋은 화질을 얻을 수 있다. MPEG-

4는 휴대폰이나 PDA 등 개인휴대기기, 양방향 TV 등에서 동영상

을 압축하는 기술이다.

MPEG-7는 동영상이나 음성을 검색하는 기술로, 이것이 실현

되면 컴퓨터에서 익숙한 가락만 흥얼거려도 원하는 음악을 찾을

수 있다. MPEG-21은 컴퓨터, TV, 휴대폰 등 정보기기끼리 동영

상을 호환하는 기술이다. 따라서 이 기술로 저장한 영상과 소리는

모든 기기에서 보고 들을 수 있다.

아날로그 VS 디지털 = 마모 VS 무궁

아무리 압축 기술이 뛰어나다고 해도, 디지털 파일은 '그때그때

소비하는 파일'이라는 것이 환국의 생각이다. 고용량 매체와 고속 전송이 등장할 때마다 이전 형식은 버려진다. VCD와 저해상도의 동영상이 그랬던 것처럼 몇 년 후에는 MP3도 버려질 것이고, 그래서 디지털은 편리하지만 믿을 것은 못 된다고 환국은 생각한다.

우리가 귀로 듣는 모든 음은 끊김 없이 음이 지속되는 아날로그의 형태이다. 전등에 비유하면 깜박임이 없는 백열등이 아날로그, 초당 60Hz(1초에 60회)를 깜박이는 형광등을 디지털로 생각하면 이해가 쉬울 것이다.

이런 부드러운 곡선(높낮이를 가지는 음이 연속적으로 흐른다는 것을 시각적으로 생각하면)을 44.1kHz(1/441,000초)의 시간으로 잘게 나눈 수치를 데이터의 형식으로 저장하는 것이 음악 CD이다. 따라서 44.1kHz보다 더 높은 주파수를 사용하면 좀 더 원음에 가까운 소리를 얻을 수 있지만, 대신 CD 한 장에 담아야 하는 데이터의 양이 증가하게 된다.

처음 CD가 개발되었을 때에는 44.1kHz의 샘플링과 16bit 정도의 데이터 기록이면 원음과 거의 동일할 것으로 예상되었지만, 실제로 레코드와 CD음은 확연히 구분될 정도로 아날로그와 디지털의 차이는 심한 편이다. CD음은 아주 미세한 계단들의 연속음이기 때문이다. 모든 정보를 끊이지 않는 연속선상에서 처리하는 아날로그 방식이 '마모'라는 기본적인 한계를 가지고 있음에 비해 이처

헤르츠(Heinrich Rudolf Hertz, 1857.2.22~1894.1.1) 독일의 물리학자. 헤르츠의 공명자를 이용하여 전자기파의 존재를 확인하였으며, 포물면거울을 사용해서 맥스웰이론의 정확성을 입증하였다. 이론적 연구로 움직이는 물체의 전기역학에 관한 연구와 역학의 기초원리에 관한 고찰 등이 있다.

럼 디지털의 세계는 무궁하다.

CD와 닮은꼴 DVD?

아날로그와 디지털의 세계를 비교 설명할 때 가장 단골로 등장하는 것이 LP와 CD이다. LP는 미세한 바늘이 LP의 골을 따라 움직이며 발생시키는 소리를 증폭시키는 장치이다. LP에는 수천 개의 골이 있는 것처럼 보이나 실은 엄청나게 긴 골 하나가 있을 뿐이다. 그러나 디지털 사운드 재생 방식을 취하는 CD는 수억 개의 0과 1로 구성된 음성 정보를 광입력(일명 픽업)장치가 읽어 들이고, 다시 이를 재생한다. 골이 마모될수록 음질이 나빠지는 LP와 달리 CD는 수없이 재생해도 음질이 나빠지지 않는다. 아날로그와 디지털의 세계에는 순간과 영원, 비효율과 효율, 마모와 복제의 대결이 숨어 있고, 이 대결은 쏟아져 나오고 있는 디지털 생활용품들에서 여실히 나타난다.

낡은 디지털 기술은 새롭게 등장한, 더욱 진보된 디지털 기술에 자리를 내준다. 더 잘게 잘라내고 더 압축하고 더 빨리 전송할 수 있는 기술이 나타날수록 이전의 것은 설 자리를 잃고 만다. CD와 DVD(Digital Vidio Disk)의 관계는 그 단적인 예이다. DVD는 영화와 음악뿐만 아니라 컴퓨터 자료까지 기록할 수 있는 새로운 디지털 미디어이다. 기존의 비디오 CD가 일반 VTR 수준의 화질을 구현하는 영상을 74분 정도 기록 재생하는 것에 비해 DVD에는 레이저디스크 수준인 133분짜리 영화를 담을 수 있다.

DVD의 외모는 일반 음악 CD와 비슷하다. 그러나 그 조그마한 원반에는 음악 CD와 보통 VTR 테이프 8개의 양에 해당하는 데이터를 저장할 수 있다. 한때 650MB의 데이터를 저장할 수 있어 차세대 매체로 각광 받았던 CD롬과 10년 넘게 전 세계인의 사랑을 받았던 VTR은 DVD에 그 자리를 내주고 말았다.

디지털은 불, 원자력의 발견에 이어 세 번째로 인류의 삶을 바꾸는 동력이 되고 있다. 분명 디지털 문화는 편리하다. 환국도 그 생각엔 동의한다. 아날로그 CD는 깨지면 그만이지만, 수십만 곡이 네트워크에 늘 존재하는 MP3의 디지털 세계에서는 그 곡을 음악 사이트에서 다시 내려받으면 된다. 그러나 눈에 보이지 않고 손으로 만질 수 없는 디지털 세계에서는 유형의 아날로그 세계가 줄 수 있는 '추억'을 가질 수 없다. 환국은 그것이 안타까울 뿐이다.

17

은행원이 사라진 은행, 현금자동입출금기

발광 다이오드에서 나온 빛의 원리

- 03:30 p.m.

혼자서 음악을 듣고 영화를 보다 보니 목적지 아닌 목적지까지 닿는 데 1시간이 훌쩍 지나갔다. 환국은 정거장을 알리는 안내방송 소리에 자신도 모르게 벌떡 일어나 내린다. 김포공항역이다. 오늘 도착하실 아버지 생각이 문득 떠올랐다. 그런데 아버지는 김포공항이 아닌 인천공항으로 귀국하신다. 그러고 보니 환국이 무의식적으로 가려고 했던 목적지가 인천공항이었던 것 같다. 어머니에 대한 속상함을 아버지에게 빨리 털어놓아 이해를 얻고 싶었던 게다. 그 와중에도 빨리 들어오라는 어머니의 문자 메시지는 휴대폰을 계속 울려 댄다. 그러나 어머니의 애타는 마음과 상관없이 환국은 울리는 메시지마다 무시해 버린다.

　이제 환국은 가야 할 목적지가 생겼다. 아버지를 만날 수 있는 인천공항이다. 그런데 일단 김포공항에 내렸으니, 공항버스로 갈아타기 전 한 군데 들러야 할 곳이 있다. 은행이다. 무작정 집을 나온 탓에 지갑에는 돈이 없다. 토요일이라 은행 문은 닫혀 있지만, 현금자동입출금기를 활용할 수 있는 365일 코너는 열려 있다. 그저 기계에 카드를 넣고 손동작 몇 번만 하면 은행원이 없어도 돈을 넣고 빼고 할 수 있으니 세상 참 편리해졌다. 예전 같으면 언감생심 생각지도 못할 일이다.

은행원이 사라진 은행?

은행 업무를 보기 위해 줄을 서는 것은 월급날이나 카드 결제일을 빼고는 요즈음 그리 쉽게 볼 수 있는 풍경이 아니다. 몇 년 전만해도 필수준비물인 도장과 통장을 지참하고 은행에 가면 붐비는사람들 사이에서 줄을 서는 것이 다반사였음은 물론, 은행 업무가끝나기 전 때맞춰 가지 않으면 낭패를 당하기도 일쑤였다. 그러나이제는 시간과 장소에 구애받지 않고 언제 어디서나 입출금이 자유롭다. '자동화 코너' 덕분이다. 자동화 코너는 365일, 은행 업무시간이 끝난 밤이나 공휴일에도 은행 카드 하나만 들고 가면 입금이나 출금을 간단하게 해결해 준다. 은행원의 손을 거치지 않고도은행 업무를 대신하는 그 주인공은 ATM(현금자동입출금기)이다.

ATM은 현금카드나 신용카드를 넣고 비밀번호를 입력하면 금세예금과 출금 기능을 수행한다. 영어 Automated Teller Machine의약자인 ATM은, 말 그대로 '자동화된 금전출납기'라는 뜻이다. 대출, 외환, 상담업무를 제외한 웬만한 은행 업무를 기계가 알아서자동으로 해 주기 때문에 ATM은 무인 은행이나 마찬가지이다.

ATM 등장 이전에는 CD(cash dispenser: 현금자동지급기)가 '무인은행'의 대명사 자리를 차지했다. 그러나 CD에서는 현금 인출만가능했기 때문에 은행이 문을 닫는 밤이나 공휴일에도 입금을 할수 있고 다른 은행에도 돈을 부칠 수 있는 방법을 연구한 끝에 등장한 것이 바로 ATM이다.

현금자동지급기와 자동입금기 두 가지 기능을 한 대에 통합한 ATM은, 2개의 입력장치(카드 판독기와 키패드)와 4개의 출력장치(스피커, 디스플레이 스크린, 영수증인쇄기, 현금지급 장치)를 갖춘 데이터 터미널이다. 봄누게 400kg의 ATM 한 대는 강철 현금박스 4개에 최대 지폐 2,500장, 수표 1,000장 등 도합 2억 원을 담을 수 있고, 1회 최고 현금출금 액수는 70만 원이다.

사용자가 원할 때만 이루어지는 ATM 거래

ATM 거래는 카드 사용자가 원할 경우에만 이뤄진다. 사용자가 카드 판독기와 키패드를 통해 필요한 정보를 입력하면, 카드 판독기는 현금카드나 신용카드의 뒷면에 있는 자기테이프에 저장된 계좌정보를 판독한다. 카드 사용자의 거래를 개시하기 위해 정보를 읽는 것이다. 보통은 자기테이프에 저장된 데이터만 읽어 들이지만, 기종에 따라서는 IC카드를 읽는 것도 있다.

카드 사용자는 이어 자신이 어떤 거래를 원하는지(현금인출, 잔고조회 등), 얼마의 금액을 원하는지 등을 숫자 키패드를 통해 은행에 알린다. 이때 카드 사용자는 본인 확인을 위해 암호를 입력해야 한다.

현대를 살아가는 우리에게 개인의 정보만큼이나 많아진 것이 있다면 비밀번호이다. 신용카드나 백

키패드

화점카드로 물건을 살 때, 통신이나 특정 프로그램에 접속할 때, 아 파트의 문을 열거나 보안이 필요한 회사 기획실을 출입할 때, 금고 를 열어야 할 때 등 일상생활에서 비밀번호를 입력해야 하는 경우 는 수없이 많다.

사용자가 입력한 데이터는 입력된 암호와 함께 모뎀을 통해 은 행의 중앙전산망으로 전달되고, 중앙전산망에서 신원이 조회되면 ATM은 입금과 출금 내용을 기록한 후 카드나 통장을 사용자에게 돌려준다. 모든 ATM은 해당 은행의 중앙컴퓨터와 전산망으로 연 결돼 있고, 각 은행의 중앙컴퓨터는 은행감독원의 컴퓨터와 연결 돼 있다. 그래서 A은행 ATM에서 B은행으로의 입금과 출금이 가 능한 것이다. 가끔 '공동전산망 장애로 사용이 중지되고 있습니 다'라는 문구가 나오면서 ATM이 작동하지 않는 것은 바로 은행 간 거래를 담당하는 컴퓨터에 이상이 생겼기 때문이다.

카드 사용자가 키패드를 통해 정보를 입력하면 그 피드백으로 서 음성 메시지가 스피커를 통해 흘러나와 안내자 의 역할을 한다. 거래 과정의 각 단계에서는 화면 이 바뀌면서 카드 사용자가 무엇을 해야 하는지를 알려 준다. ATM 생산 초기에는 화면이 브라운관 이었지만 지금은 액정화면으로 교체되어, 일일이 단말기를 조작하는 대신 화면을 손가락으로 눌러 입력하는 터치스크린 방식이 가능하다. 액정화면 위로는 우리 눈에 보이지 않는 적외선막이 형성돼

터치스크린

있는데, 여기에 손가락이 놓이면 손가락 때문에 차단된 적외선이 XY 좌표로 표시돼 손가락의 압력을 감지한다.

지폐와 수표를 구별하는 똑똑한 기계

ATM의 큰 장점은 CD에는 없던 '입금 기능'이다. 입금의 핵심은 투입한 지폐가 진짜인지 가짜인지를 구별하는 판독력이다. 입금된 현금과 수표가 진짜인지 가짜인지를 판별하여 처리하는 입금 기능은, 은행에서 이미 진짜 여부를 판별하여 넣어 둔 돈을 지출하는 출금 기능보다 훨씬 높은 수준의 기능이다.

현금자동입출금기는 빛과 자기를 이용하여 투입한 지폐의 진위 여부를 결정한다. 투입된 종이의 크기, 두께, 지질, 투명도, 모양, 색깔의 배합 등을 검사하여 진짜인지 가짜인지, 또 얼마짜리 지폐인지를 식별해 낸다. 가짜 돈을 입금시켜 놓고 다른 곳에서 진짜 돈을 출금해 가는 일이 종종 발생하기 때문에 이렇게 위조 지폐를 식별하는 일은 매우 중요하다.

현금의 경우에는 발광 다이오드에서 나온 빛이 투과하거나 반사할 때 빛의 상태가 변화하는 원리를 이용하여 진위 여부를 판별한다. 일단 지폐가 투입구에 투입되면 롤러나 벨트컨베이어로 끌어당긴다. 그러면 발광 다이오드가 빛을 발해 빛의 투과 상태로 두께와 지질을 감지하고, 빛 투광도와 지폐 표면의 철분 농도를 감지해 색의 농도나 모양 등을 판단한다. 검사된 내용은 자기 헤드의 기록부에 기록되어, 지폐식별 장치의 표준지폐 정보와 비교해서 진위 여부를 결정한다. 검사 결과 규격에 맞는 지폐는 통과시켜 보관하고, 규격에 맞지 않는 지폐는 다시 돌려보낸다. 만일 두 장의 지폐가 서로 붙어 있을 경우에는 지폐의 두께를 재는 센서가 이 지폐를 별도 분류상자로 보낸다. 또한 수표의 경우에는 자성을 띠는 잉크로 인쇄된 수표 아랫부분의 글자를 그대로 읽어 들여 검사한다. 현금과 마찬가지로 가짜 수표로 판별되면 다시 돌려보낸다.

우리는 종종 진짜 지폐가 가짜로 판단되어 반환되어 나오는 것을 경험하곤 한다. 검사 기준을 너무 엄격히 하다 보니, 헐은 지폐나 접힌 지폐도 가짜로 판단하기 때문이다. 이는 여러 사람 손을 거치면서 지폐나 수표에 손상된 부분이 생겨 정보를 읽어 들일 수 없기 때문에 발생하는 일이다.

ATM의 구조

ATM의 아랫부분에는 현금이 든 안전금고가 있어 현금 지급을 가능하게 한다. 입금과 함께 ATM에서 중요한 기능 중 하나는 이러한 출금 시스템이다. 현금을 출금할 경우 빠져나가는 지폐의 수를 세는 일은 현금지급 시스템에 달린 전기장치가 맡아서 한다. 현금인출 기록과 그 밖의 모든 거래정보는 ATM 내부의 장부에 기록되고, 은행의 컴퓨터 시스템에 전송돼 저장·관리된다.

사용자가 원하는 거래가 완료되면 ATM은 거래 내역이 적힌 명세표를 내보낸다. 사용자를 위해 영수증 인쇄기에서 종이영수증을 출력해 주는 것이다. 사용자에게 주는 것과 ATM 자체 보관용 두 개의 영수증이 동시에 인쇄되는데, 이것을 받음과 동시에 사용자와 ATM 사이의 거래는 종료된다.

현금자동입출금기 앞에 선 환국은 오늘 아침 라디오에서 들은 'ATM 이야기'를 생각하며 돈을 찾는다. 어떤 사람이 자신의 무덤에 ATM을 갖다 놓았다고 한다. 자신이 죽은 뒤에 식구들이 자신을 방문하지 않을 것을 대비해서, 1주일에 300불씩 나오는 프로그램을 ATM에 설치했다는 것이다. 1주일에 한 번 묘에 가기만 하면 돈이 나온다는데 누가 마다하겠는가. 환국은 돈을 줘야만 올 식구들이랑 살았을 그가 측은하기도 했거니와 그게 세상 인심이 되어 버린 것 같아 왠지 씁쓰름하다.

18

깨끗한 물을 만드는 정수처리기, 정수기

역삼투압의 원리
– 04:00 p.m.

손 안에 돈의 재질이 느껴지니 환국은 갑자기 허기가 밀려온다. 한창 나이에는 공복감을 참는 데도 한계가 있는 법, 결국 환국의 배는 주인에게 배고픔을 호소한다. 때마침 은행에서 조금 떨어진 곳에 위치한 중국집 광고가 환국의 눈에 번쩍 띈다. 영화포스터를 패러디한 광고와 함께 '자장면 2,000원'이라는 글자가 플래카드에 대문짝만 하게 새겨져 있다. 너무 싸다.

값도 값이지만 가깝고 첫눈에 찾은 집이기에 환국은 고민하지 않고 그 중국집으로 발걸음을 향한다. 공항에 들어선 식당치고는 인테리어가 촌스럽고 시설 또한 많이 낡아서 바깥에 붙어 있는 플래카드에 비하면 초라하기까지 하다. 꼭 먼지 날리는 국도변의 허름한 식당 같지만, 그래도 테이블마다 사람이 붙어 있어서 빈자리는 몇 없다. 자리에 앉자마자 주문을 받으러 온 종업원에게 환국은 "자장면 곱빼기요!"를 외친다.

밥 먹기 전에 항상 물을 마시는 환국이 물을 찾으니 셀프란다. 그것도 벽에 커다랗게 써 있다. 귀찮았지만 어쩔 수 없이 정수기가 설치된 곳에서 물 한 컵을 가득 채운다. 때를 넘겨 허기진 탓인지 갈증이 심하다. 환국은 한 컵의 물을 비우고도 모자라 정수기가 놓여 있는 곳을 수차례 오가며 벌컥벌컥 물을 마셔 댄다. 몇 컵의 냉수를 들이켜고 나서야 제정신으로 돌아온 것 같다.

수돗물을 마시면 배탈이 나요

물 화학적으로는 산소와 수소의 결합물이며, 천연으로는 바닷물 · 강물 · 지하수 · 우물물 · 빗물 · 온천수 · 수증기 · 눈 · 얼음 등으로 도처에 존재한다. 지구의 지각이 형성된 이래 물은 고체 · 액체 · 기체의 세 상태로 지구 표면에서 매우 중요한 구실을 해 왔다.

물은 우리 몸의 약 70%를 차지하는 필수요소이다. 다른 화학물질을 잘 녹이는 좋은 용매이기도 한 물은, 우리 몸에서 일어나는 많은 화학작용을 가능하게 하는 요소이기도 하다. 소금과 같은 염은 물론이고, 염산이나 수산화나트륨과 같이 강한 산이나 염기, 그리고 에틸알코올이나 아세트산과 같이 극성을 가지고 있는 다양한 유기물질 등은 모두 물에 잘 녹는다. 우리가 물을 꼭 마셔야 하는 이유가 물의 이런 특성 때문이다.

모든 성인은 하루에 최소한 $2l$ 정도의 물을 마셔야 한다. 하루에 약 2,500g($2.5l$)의 수분이 인체에서 배출되기 때문이다. 폐에서 호흡할 때 수증기로 배출되는 양이 하루 약 600g, 피부에 분포되

어 있는 땀구멍을 통해 땀으로 발산되는 양이 하루 약 500g, 대변

이나 소변으로 배설되는 양이 약 1,400g이다. 그래서 우리는 매일

2.5*l*의 수분을 섭취해야 한다. 그 중 0.5*l*의 수분은 음식물을 통해

섭취할 수 있으므로 2*l*의 물만을 보충하면 된다.

사람은 물을 통해서 다른 영양분을 공급받지 않기 때문에 마시는

물은 화학물질이 섞여 있지 않은 것일수록 좋다. 즉, 다른 물질이

전혀 섞여 있지 않은 깨끗한 물을 마셔야 한다는 얘기이다. 하지만

아무리 깨끗한 물이라도 상온의 물 1*l*에는 약 20mg 정도의 산소가

녹아 있고, 이산화탄소와 질소를 비롯한 공기 중의

미네랄(mineral) : 무기염류 혹은 광물질이라고도 한다. 단백질·지방·탄수화물·비타민과 함께 5대 영양소의 하나로, 인체 내에서 여러 가지 생리적 활동에 참여하고 있다.

기체도 상당한 양이 녹아 있다. 그뿐 아니라 흙에서

녹아 나오는 황산, 질산, 탄산 이온이나 칼슘, 마그

네슘 이온 등의 미네랄 성분도 함유되어 있다.

우리의 건강을 책임지는 정수기

우리가 마시는 물을 깨끗하게 정수하여 제공하기 위해서 개발

된 정수기는 물리적·화학적 방법으로 물을 걸러 불순물을 제거하

는 기구이다. 우리가 먹는 수돗물을 정수하는 대단위 시설로는 정

수처리장이 있다. 정수처리장에 들어온 강물은 인간이 마시기에는

부적합하다. 때문에 정수처리장에서는 이 물을 침전과 여과, 약품

처리의 과정을 거쳐 사람이 마실 수 있는 수돗물로 만드는데, 이

과정을 축소해 놓은 것이 정수기이다.

정수기의 원리는 단순하다. 아주 미세한 구멍으로 물을 통과시켜 불순물이나 세균 등을 걸러 내는 것이다. 이러한 정수기의 생명은 오염 물질을 거르는 '필터'라 해도 과언이 아니다. 일반적으로 가정용 정수기 안에는 3~6개 정도의 필터가 들어 있고, 이를 통해 크게 3단계의 정밀여과 과정이 이루어진다.

첫 번째 필터는 녹 찌꺼기 등 일반적으로 굵은 알갱이를 걸러 내는 침전 필터이다. 정수기에서 가장 중요한 필터는 그 다음 단계의 반투막 필터로, 합성수지로 된 반투막 필터는 역삼투압을 이용해 이온, 세균, 유기물 등을 걸러 낸다.

반투막 : 용액·콜로이드 용액·혼합기체 등과 같은 혼합물의 일부 성분은 통과시키지만, 다른 성분은 통과시키지 않는 막이다. 세포의 삼투압 현상도 반투막에 의해서 생기는 현상이다.

삼투압이 농도가 높은 쪽으로 용매가 반투막을 통과할 때 발생하는 압력이라면, 역삼투압은 인위적으로 압력을 가해서 용매를 농도가 낮은 쪽으로 이동하게 만드는 방식이다. 예를 들어 반투막을 사이에 두고 순수한 물과 오염된 물이 있다면, 평형을 유지하기 위해 순수한 물이 오염된 물 쪽으로 이동한다. 오염된 물에는 물 분자 외에 다른 물질이 많이 녹아 있어 농도가 높기 때문이다. 이때 상대적으로 고농도에 많은 물량이 생성되어 압력이 발생하는데, 이것이 삼투압이다. 그런데 그 반대로 오염된 물에 전기펌프로 인위적 압력을 가해 오염된 물 분자가 순수한 물로 이동하게 함으로써 순수한 물만을 반투막으로 통과시키는 방식이 역삼투압이다. 이런 원리로 정수기는 오염된 물에서 순수한 물을 뽑아낸다.

정수기의 역삼투압 방식

역삼투압 기술의 핵심은 반투막의 구멍 크기이다. 반투막에는 0.0001μm의 아주 미세한 구멍이 수없이 뚫려 있다. 이 구멍의 크기는 사람 머리카락 굵기의 100만 분의 1로 매우 작아, 이곳에 물이 부딪히면 순수한 물 분자(H_2O)만이 겨우 통과한다.

정밀여과 단계에 활용되는 필터는 미세섬유로 촘촘히 구성되어 있어, 액체에 포함된 미크론 크기의 박테리아나 각종 미세입자를 분리한다. 섬유조직 사이에 존재하는 미세한 구멍으로 액체는 통과시키고 입자는 걸러 내는 것이다. 그러나 워낙 구멍이 작기 때문에 강한 압력을 줘야 물도 통과할 수 있다. 그러므로 역삼투압 정수기는 전동펌프와 물탱크 등을 필요로 한다. 역삼투압만 가해지면 입자가 큰 불순물이나 중금속, 세균 등의 이물질이 99% 제거되기 때문에 순도 99.9%의 물을 얻을 수 있다.

마지막으로 인체에 치명적인 피해를 줄 수 있는 세균을 죽이는 것이 최종 처리 과정이다. 반투막으로 처리하기 곤란한 잔류염소나 냄새를, 활성탄이 채워진 여과기로 제거한 다음 살균처리한다. 냄새도 입자이기 때문에 미세 입자가 잘 달라붙는 활성탄을 이용하는 것이다. 숯 성분과 비슷한 활성탄 필터는 목재나 석탄, 야자열매의 껍질 등을 섭씨 900℃의 고열로 태워 만든다. 옛날 우리 조상들은 간장을 담글 때 장독에 숯을 띄워 오염물질을

정수 효과가 뛰어난 숯

제거했다. 수없이 뚫린 숯의 미세한 구멍에 나쁜 성분들이 들러붙으면서 정화가 되는 것이다. 우리가 마시는 물은 이렇게 마지막 과정까지 거쳐 정화된 물이다.

바닷물을 식수로 만든다고?

최초의 정수기는 제2차 세계대전 중이던 1940년대 초 태평양 전쟁 때 만들어졌다. 역삼투막은 미국 해군에 바닷물을 식수로 만들어 공급하려는 연구과정에서 개발된 것이다. 요즘처럼 헬기와 같은 수송 수단이 발달되지 않았던 시대에, 대양의 한복판에서 수개월에서 수년씩 전쟁을 해야 하는 해군 장병들에게 있어 빨래나 목욕물, 식수 등은 대단히 중요한 요소가 아닐 수 없다. 그래서 미국 당국은 바닷물의 염분을 제거하여 담수로 바꾸는 장치, 즉 역삼투압 정수기를 개발하기에 이른 것이다.

정수기는 '깨끗한 물'을 만드는 데 초점이 맞춰져 있다. 그래서 우리 몸에 이로운 물 안의 미네랄 성분까지도 모두 제거하기에 바쁘다. 반투막 구멍 크기보다 큰 물질이면 모두 걸러 냄으로써 몸에 좋은 미네랄까지 없애는 초순수 수준, 그야말로 순수한 물인 증류수만 남기는 게 정수기이다. 물의 사전적 의미는 '상온에서 맛과 색깔과 냄새가 없는 액체'이다. 하지만 분명 우리는 물의 맛을 느끼고, "물맛 좋다"

증류수 : 물을 가열했을 때 발생하는 수증기를 냉각시켜 정제된 물을 말한다.

라는 말도 한다. 그러나 증류수같이 너무 순수한 물은 맛이 없다.

지구상의 물은 여러 가지 이유로 더럽혀지지만, 대부분 스스로 정화시키는 물의 자정 능력에 힘입어 자연적으로 정화된다. 그럼에도 불구하고 지구상의 물의 정화는 물 부족으로 이제 한계에 부딪혔다. 한국은 지금도 늦지 않았다고 생각한다. 우리에게 물을 살리겠다는 마음가짐만 있으면, 넉넉하고 깨끗한 물을 마음대로 쓸 수 있는 '워토피아'를 꿈꿀 수 있다고. 그리고 그는 강조한다. "정수기 사용 이전에 물을 오염시키지 않는 게 최우선"이라고.

Evening

06:00 p.m. ~ 12:00 p.m.

19

커피 한 잔의 여유, 커피자판기

지레와 자기장의 원리
- 06:00 p.m.

환국은 자장면 곱빼기를 눈 깜짝할 새에 해치우고 중국집을 나왔다. 허기를 채우고 나니 기운이 샘솟는다. 역시 사람에게는 먹는 재미가 최고이다. 포만감 뒤에 오는 행복감, 식사 후에 맛보는 빵빵한 행복감에 환국은 뿌듯한 표정을 짓는다. 기분 좋게 음식을 먹고 난 뒤에 따르는 또 하나의 행복감은 커피이다. 프로그램 수순처럼 정해져 있는 식사 후의 커피 한 잔은 입 안을 향기롭게 만든다.

　환국은 영화광에 못지않은 커피광이다. 커피포트에 물을 붓고 그 향내가 실내로 서서히 퍼지기 시작하면 잘 내려진 커피를 잔에 따라 천천히 음미한다. 그것은 무엇과도 바꿀 수 없는 여유와 행복의 향연이다.

　어쩌면 커피는 음식에 비하면 쓸모없는 사치 음료인지도 모른다. 그러나 이 커피 한 잔이 인생을 가늠하게 해 주기도 한다. 사람들은 "인생의 맛을 느끼는 데 커피 한 잔만큼 '찐한' 게 없다"고 말하곤 한다. 추운 겨울에 손을 호호 불며 마시는 커피 한 잔은 살아가는 맛의 그 쓸쓸함과 달콤함을 온몸 가득히 채워 준다. 또 더운 여름 차가운 유리컵에 실려 오는 아이스커피는 빙산 위에서 다이빙하는 것처럼 온몸을 시원하게 해 준다.

　환국은 오늘도 변함없이 커피자판기를 찾는다. 공항 곳곳에는 눈에 띌 정도로 커피자판기가 많이 설치되어 있다. 한 커피자판기 앞에서 동전을 넣고 그는 아이스커피 선택 버튼을 꾹 누른다.

최초의 커피자판기는 기원전 215년경에 발명되었다!

우리는 지금 자동판매기(자판기) 시대에 산다. 공원, 지하철, 터미널, 사무실의 휴게 공간은 물론이고 공중화장실 앞이나 목욕탕, 심지어 산꼭대기까지도 자판기가 없는 곳은 찾아보기 힘들다. 오죽하면 '남산에서 동전을 던지면 자판기에 들어간다'는 말이 생겨날 정도일까.

자판기 중 가장 흔한 것은 아마도 커피자판기일 것이다. 커피자판기의 커피는 커피 중에서도 가장 낮은 등급의 것이다. 그럼에도 불구하고 바쁜 현대인들에게 그나마 여유를 제공하는 기기가 커피자판기이다. 현대인은 고급 커피를 즐길 여유조차 없이 바쁘기 때문이다.

역사상 최초의 자판기는 기원전 215년경 헤론이 발명한 '성수(聖水) 자동판매기'이다. 그러다가 1857년 영국에서 부활하여 상업화된 자판기는 처음에는 우표를 취급하다가 점차 담배, 껌, 사탕, 서적, 과자류 등을 판매하는 자판기로 발전되었다.

근대 자판기의 뿌리를 내린 나라는 미국이다. 1925년 W. 로가 가격이 서로 다른 종류의 담배를 파는 자판기를 고안해 만든 것이 발전되어 오다가, 1988년 껌 자판기가 뉴욕의 지하철역사에 설치되면서 자판기는 본격적인 실용화 단계에 접어들었

헤론(Heron, ?~?) : 그리스의 기계학자 · 물리학자 · 수학자. 조준의로 토지를 측량하거나 월식을 이용하여 로마~알렉산드리아의 거리를 측정하였다. 또 일종의 증기터빈인 '헤론의 기력구'와 수력 오르간, 주화를 넣으면 물이 나오는 '성수함' 외에도 기타 여러 가지 자동장치를 발명하였다.

원리대로 제작 · 실험된 최초의 자판기의 모습

다. 우리나라에서 처음 선보인 자판기는 1975년 4월 대한가족협회가 미국으로부터 들여온 남성용 피임기구(콘돔)자판기이다.

 동전을 넣고 커피가 나오기까지

지레의 원리 : 지레의 원리는 아르키메데스가 발견했다. 지레의 막대를 받치거나 고정된 점을 받침점, 외부힘이 가해지는 점을 힘점, 지레가 물체에 힘을 작용하는 점을 작용점이라 할 때, 힘점과 작용점 각 점에 작용한 힘과, 각 점과 받침점 사이의 거리의 곱은 서로 같다는 원리이다.

초기의 커피자판기는 기계식이었다. 기계식 커피자판기의 핵심 원리는 지레의 원리이다. 이 원리의 목적은 위조 동전을 가려내는 것이고, 그 기준은 동전의 크기이다.

기계식 자판기의 검사 체제는 동전 투입구에서부터 시작된다. 투입구에 넣은 동전은 일정한 통로를 따라 내려간다. 맨 먼저 동전이 떨어지는 곳은 정확하게 평형 상태를 이루고 있는 자판기 안의 깔딱쇠(지레)이다. 동전의 무게가 무거우면 깔딱쇠가 기울어져 경사 홈으로 들어가고, 무게가 너무 가벼워 깔딱쇠를 기울이지 못한 동전은 반환 통로로 떨어진다.

깔딱쇠를 무사히 통과한 동전은 자석이 설치된 경사로를 따라 굴러 내려간다. 통로 중간에는 유사 물질과 동전을 구별하기 위해 만든 함정이 있다. 이 함정은 보통 자석으로 만드는데, 정상적인 동전이라면 일정한 자기력을 받아 정확한 통로로 끌려 들어가게 된다. 제대로 만들어진 동전이라면 적당한 속도로 곡선을 그리며 바닥에 떨어져 바로 아래에 있는 분리기에 정확한 각도로 부딪히면서 수납 통로로 들어가게 된다.

그러나 동전과 유사한 다른 물질은 이 통로에서 받는 자기력이 다르기 때문에 그 통로로 들어가지 못하고 배출구로 그냥 나온다. 지나치게 무겁거나 자기력의 영향을 적게 받는 동전들 역시 다시 튀어 올라 분리기에서 반환 통로로 나온다. 간혹 정상적인 동전도 그냥 나올 때가 있는데, 그때는 배출구로 나온 동전을 다시 넣어 주면 작동된다.

 오늘날의 커피자판기

그러나 이러한 기계식 자판기는 추억 속으로 사라진 지 오래이다. 오늘날의 커피자판기는 전자식인데, 이 전자식 자판기는 동전과 지폐를 전자공학적으로 검사한다.

자판기의 내부는 생각보다 구조가 복잡하다. 어떤 자판기든지 그 내부에는 기본적으로 동전 감지와 저장 장치, 버튼과 신호전달 장치, 전력공급 장치, 급수 장치, 소모품저장 장치, 물건공급 장치 등이 장착된다. 액체를 사용하는 경우에는 배수 장치, 냉동 설비를 필요로 하는 경우에는 간단한 열교환 장치 또한 요구된다. 이렇게 많은 장치들이 좁은 공간 내에 효율적으로 배치되어야 하므로 자판기 안은 복잡해 보일 수밖에 없다.

전자식 자판기의 핵심은 10원짜리, 50원짜리, 100원짜리, 500원짜리의 동전을 정확하게 분류하는, 간단하면서도 제일 중요한 '동전 처리 기능'이다. 동전을 구별해 주는 장치는 동전 감지센서로, 이는 자판기의 심장과 같다. 이 센서는 각 동전의 고유 재질에 따라 동전이 진짜인지 가짜인지, 혹은 얼마짜리의 동전인지를 인식한다.

자판기의 투입구에 동전을 넣으면 동전에 전류가 흘러 금속 함유량과 크기를 검사한다. 일정한 크기의 전류가 흐르는지를 알아보는 것이다. 동전은 구리, 아연, 니켈 등을 일정 비율로 섞어 만들기 때문에, 동전이 자기장을 통과할 경우 그 재질에 따라 자기장에 미치는 변화값이 다르다. 이것은 금속 함유량에 따라 전류의 크기가 다르다는 뜻이다. 동전을 선별하는 내부 전자장치에는 이 값이 미리 입력되어 있기 때문에, 적절한 양의 금속을 함유하고 있지 않은 동전은 전류의 세기에서 차이가 나 자판기가 인식하지 못한다. 시험 삼아 자판기에 동전 비슷한 것을 넣어 보면 자판기는 그것을 귀신같이 알고 제거기를 통해 반환구로 내보낸다.

이 검사를 통과한, 어느 정도 수용 가능한 동전들은 통로의 입구를 지나 두 개의 자석이 설치된 경사로로 들어간다. 그리고 다시 자석과 광센서를 이용하여 얼마짜리 동전인지 그 종류를 검사받게 된다. 자석을 통과하는 속도는 동전의 성분에 따라 다르다. 동전은 자석의 양극 사이를 통과하면서 속도가 느려지고, 그 속도가 감광장치에 의해 측정된다. 측정치가 기계에 입력된 메모리와 일치할 경우에만 다시 통로의 입구가 열리면서 동전을 받아들이고, 일치하지 않으면 물론 그것을 거부한다. 계속해서 동전은 광센서가 늘어선 곳을 지나가는데, 여기에서 비로소 동전의 지름과 속도가 측정되어 최종적으로 동전의 종류가 확인된다. 확인된 동전이 100원짜리면 100원 동전통에, 500원짜리면 500원 동전통에 각각 떨어진다.

 ## 고객의 잔돈을 책임진다!

물건 값을 제하고 사용자가 거슬러 받는 잔돈은 자판기의 '잔돈 지불 프로그램'에 의해 지불된다. 검사 체제를 통과하며 금액이 확인된 동전이 종착점에 도달하면 튜브에 저장된 잔돈용 동전더미로부터 알맞은 거스름돈을 내보내는 것이다. 이를테면 500원짜리 동전을 넣을 경우, 500원보다 적은 100원이나 50원짜리 동전더미에서 거스름돈이 나온다.

그렇다면 지폐를 넣을 경우엔 어떻게 될까? 지폐투입구에 지폐를 넣으면 감지센서가 지폐의 투입을 감지, 막고 있는 통로의 셔터를 열고 '윙' 하는 모터 소리와 함께 지폐를 받아들인다. 자판기 내부로 들어간 지폐는 지폐선별기에 의해 검사를 받는다. 투입구 가까이 위치한 지폐선별기는 내부에 부착된 광센서와 자기센서를 사용하여 지폐 표면의 각종 데이터를 읽는다.

지폐가 내부를 지나가면 우선 광센서가 지폐의 두께와 색에 따라 달라지는 빛의 양을 감지한다. 빛의 투과량으로 지폐 측면에 숨겨진 그림, 표식 등 지폐 특유의 요소를 종합적으로 판단하고, 훼손되거나 구겨진 지폐, 위조된 지폐들을 감별하는 것이다. 지폐의 가장자리에 분포한 자기성분도 가려내는데, 이 일은 자기센서의 몫이다. 광센서와 자기센서가 받아들인, 지폐의 빛의 투과량과 자기성분의 데이터 값이 내부에 저장된 진짜 지폐의 데이터와 일치하면 지폐는 일시 보유 상태에 머문다.

이때 지폐선별기는 상품을 판매하라는 매상 신호를 컨트롤 보드로 보내게 되고, 상품 아래의 해당되는 버튼의 램프에 빨간 불이 들어온다. 마시고자 하는 커피의 버튼을 누르면 원통형으로 감긴 전기 코일이 작동되어 커피가 투출된다. 그제야 지폐선별기는 일시 보유 상태인 지폐를 완전히 받아들여 지폐 보유통에 차곡차곡 저장한다.

 자판기 안에서 커피가 만들어지는 과정

보통의 커피자판기는 커피 재료나 종이컵을 위에서 자동으로 떨어뜨리는 방식을 사용한다. 자판기 투입구에 돈을 넣으면 센서에 의해 금액이 입력되고, 그 금액으로 구입할 수 있는 품목의 버튼이 활성화된다. 그중 원하는 커피 버튼을 선택해 누르면, 이것을 신호로 하여 먼저 컵 배출기에서 컵이 배수기 밑으로 떨어진다. 보통

컵은 컵 플랜저라고 하는 집게에 의해 잡혀 있는데, 이 장치의 둘레는 나사면을 이루고 있다. 사용자가 커피 선택 버튼을 누름과 동시에 장치에 연결된 배출캠이 회전하면서 컵 끝의 말린 부분을 잡고 있던 집게가 느슨해지고, 그럼으로써 컵 하나가 아래로 떨어진다. 집게에 걸쳐 있던 종이컵이 아래로 떨어지면, 떨어진 컵 바로 위에 있던 컵이 다시 집게에 걸려서 다음 차례를 기다리게 된다.

컵이 떨어지면 이어 사용자가 원하는 성분의 커피가 떨어진다. 먼저 열탕 공급기에서 한 컵 분량의 뜨거운 물이 쏟아진 다음, 커피 공급기에서 일정량의 커피가 그 물 속으로 다이빙한다. 물론 열탕 공급기의 물은 자동급수관에서 공급받고, 열탕의 온도는 온도 조절 장치로 조절된다. 뜨거운 물이 담긴 물통, 커피와 프림, 설탕 저장고들이 돌아가면서 재료를 떨어뜨리면 그것들은 하나의 큰 통으로 흘러나오고, 다시 통 아래쪽 경사면 끝에 이어진 관을 타고 종이컵 바로 위까지 쭉 내려온다.

여기에서 중요한 것은 이 재료들의 혼합인데, 그 문제는 우회도로처럼 설계한 통 끝의 관에 커피의 내용물을 통과시킴으로써 해결한다. 통과 관이 만나는 길목에서 커피의 내용물이 회전하면서 컵에 쏟아지는데, 이는 티스푼이 재료들을 휘젓는 효과와 같다. 커피자판기가 종이컵을 하나 떨어뜨려 커피 내용물을 담아 내는 이러한 과정은 10초밖에 걸리지 않는다.

그렇다면 사이다와 같은 탄산음료들은 자판기 안에서 어떻게 보관되어 있다가 나오는 것일까? 기포가 들어 있는 상태에서 탄산

음료를 보관하면 자판기 내부의 뜨거운 열로 인해 터질 위험이 있다. 이를 막기 위해 탄산음료 자판기는 기체 성분을 뺀 사이다만 보관한다. 이산화탄소는 별도의 탱크에 준비했다가 사용자가 음료를 꺼내기 바로 전에 공급해 주므로, 사용자는 병마개를 바로 딴 듯한 사이다를 맛볼 수 있게 된다.

 ## 최첨단 시대를 달리고 있는 자판기의 미래

앞으로 자판기는 무선통신 장비를 갖추고, 무선결재와 원격제어 능력으로 무장하는 등 첨단화된 모습을 갖출 것이다. 통신위성까지 동원한 '자판기의 네트워크화 프로젝트'가 추진 중이기 때문이다. 자판기가 네트워크화되면 운영자는 가만히 앉아서 자판기의 상황은 물론 고객의 제품 구매 정보를 알 수 있고, 이를 통해 음료 가격을 조절하는 것도 가능해진다. 예를 들어 날씨가 더워지면 소비자들이 음료수를 많이 찾으므로 기온이 1℃ 오르면 음료수 값을 10원 올리고, 1℃ 떨어지면 10원 내리기도 하는 융통성을 발휘할 수 있는 것이다. 그런가 하면 휴대폰이나 신용카드로도 음료수를 뽑아 먹을 수 있는 자판기가 거리에 등장해 동전 없이도 커피의 맛을 음미하는 것이 가능해질 것이다.

'졸음을 쫓고 영혼을 맑게 하며, 신비로운 영감을 느끼게 하는 성스러운 것'으로 여겨졌다는 커피 열매. 그렇다고 환국처럼 커피

커피 독특한 맛과 향을 지닌 기호음료이다. 어원은 아랍어인 카파(caffa)로서 힘을 뜻하며, 에티오피아에서는
커피나무가 야생하는 곳을 가리키기도 한다. 유럽에서는 처음에 '아라비아의 와인' 이라고 하다가 1650년 무
렵부터 커피라고 불렀다.

광이 되어서는 안 된다. 커피자판기의 커피든 인스턴트 커피든, 자
신이 몇 잔을 마셨을 때 가장 상쾌해지는지 판단하여 자신의 양을
조절하는 사람이 진정으로 커피를 즐길 줄 아는 사람일 것이다.

20

빛으로 간직하는 추억, 디지털카메라

아인슈타인의 광선효과의 원리
- 07:00 p.m.

환국이 인천공항에 도착한 시간은 오후 7시가 다 되어서이다. 그러나 환국은 아버지가 타고 오는 비행기의 도착 시간을 모른다. 여기 올 줄 알았다면 미리 알아 둘 걸 그랬다. 하지만 계획에 전혀 없던 일이었으니까. 그렇다고 집에 전화해서 어머니에게 물어볼 수도 없는 일 아닌가.

공항 안에 들어서니 엄청나게 넓은 게이트들과 함께 친절한 미소를 띠고 앉아 있는 입구의 몇몇 안내 카운터 직원이 눈에 들어온다. 공간의 절반쯤을 점령한 컴퓨터들이 끊임없이 불빛을 토해 내고, 몇 개의 모니터에서는 기묘한 그래픽이 제멋대로 춤을 추고 있다. 평소 같으면 환국의 호기심을 강력하게 자극했을 광경이지만, 아버지를 만나는 게 급선무인 환국은 자세히 살펴볼 엄두도 못 낸 채 종종걸음으로 도착을 알리는 전광판 게이트 쪽으로 몸을 향한다.

입국장의 B게이트 앞 대형 전광판에 뉴욕발 인천행 KEO86편이 도착했다는 사인이 깜박거린다. 프로야구 롯데 구단의 외국인 선수 펠릭스 호세가 5년 만에 한국땅을 다시 밟는 순간이라 하여 기자들이 여기저기서 야단법석이다. 환국은 호세 선수에겐 관심 없다. 다만 아버지도 그 비행기에 탑승해 입국할지 모른다는 기대감으로 그곳에서 기다릴 뿐이다. 잠시 후 입국장 안으로 호세 선수가 등장했다. 그 모습을 찍기 위해 여기저기서 카메라 플래시를 터진다. 촬영기자는 수동카메라를 찰칵찰칵 눌러 대고, 취재기자들은 디지털카메라로 찍어 댄다.

소중한 순간을 간직하는 카메라

아름다운 풍경이나 기념하고 싶은 날을 사진으로 찍어 두고 싶어 하는 마음은 누구에게나 있다. 사진은 사람들에게 추억을 남겨 주기 때문이다. 물체의 화상을 찍어 추억거리를 남기게 해 주는 기계가 바로 카메라이다. 몇 년 전까지의 카메라라고 하면 필름을 넣고 촬영을 하는 기계를 말했고, 촬영 이후에는 현상소에 필름 인화를 맡겨 사진을 보는 것이 순서였다.

그런데 디지털카메라가 등장하면서 사진의 패러다임이 바뀌었다. 필름 없이 사진을 찍고 현상, 인화 절차를 따로 거칠 필요 없이 프린터로 출력할 수 있는 디지털카메라는 인간에게 편리성과 비용 절감 그리고 시간 절약이라는 커다란 선물을 선사했다. 사람들은 소소한 일상까지도 그냥 넘어가지 않고 담아 두려는 경향이 많아졌고, 특히 휴가철 여행에서는 카메라의 셔터를 쉬지 않고 눌러 댈 정도이다. 그러나 필름을 사용하는 카메라와 디지털카메라가 완전히 다른 도구라고 생각할 필요는 없다. 디지털카메라는 '좀 더 편리한 방식'의 사진기일 뿐이기 때문이다.

 디지털카메라의 진짜 매력

필름이 없다는 것만이 디지털카메라의 매력은 아니다. 촬영한 영상을 카메라에 부착된 액정 화면을 통해 확인할 수 있다는 것도 디지털카메라의 장점이다. 폴라로이드 사진처럼 즉석에서 인화지 형태로 사진을 볼 수 있는 것은 아니지만, 액정 화면을 보면서 찍고,

폴라로이드 카메라 : 1947년에 미국의 랜드가 발명한 특수 카메라. 종이 필름·현상약·인화지가 하나로 된 폴라로이드 필름을 쓰며, 촬영 후에 카메라에서 꺼내면 자동으로 사진이 인화되어 나온다.

그 찍은 모습을 그 자리에서 확인할 수 있으므로 즉석 사진이라고 해도 틀린 말은 아니다. 촬영한 장면이 마음에 들지 않으면 바로 삭제할 수도 있으니 여간 편리한 게 아니다.

액정 화면을 통해 촬영한 장면을 바로 볼 수 있는 것은, 디지털카메라가 전기적인 방법으로 이미지를 촬영하여 저장하고 재생하기 때문이다. 저장된 디지털 데이터를 액정 화면에 표시하려면 컴퓨터의 비디오카드(VGA)와 같은 그래픽 프로세서가 필요하다.

일반 카메라와 디지털카메라를 구분하는 가장 큰 차이점은 촬영한 이미지를 필름에 기록하느냐, 아니면 CCD(Charge Coupled Device : 전하결합소자)라는 반도체에 기록하느냐이다. 이는 다른 말로 표현하면, 기록을 아날로그(analog)로 하느냐, 디지털(digital)로 하느냐이다.

일반 카메라는 렌즈를 통해 들어온 빛을 필름에 기록하는 기계 장치이다. 필름은 빛의 세기를 화학적 반응으로 저장한다. 렌즈를 통과한 빛이 필름에 도달하면 화학 반응을 일으켜 영상을 맺게 한다. 반면 디지털카메라는 적절한 빛을 렌즈를 통해 빨아들여 전기 신호로 저장하는데, 빛의 세기에 따라 각기 다른 전기 신호를 만들어 이미지를 표현한다. 셔터를 눌러 렌즈와 조리개를 통해 들어온

빛으로 만들어 낸 이미지를 필름 대신 CCD에 맺히게 한 다음, 여기서 얻어지는 모자이크 형태의 영상정보를 이미지 프로세서로 보내는 것이다. 빛이 적은 경우에는 조리개를 크게 열어 빛을 많이 받아들인다.

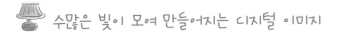 수많은 빛이 모여 만들어지는 디지털 이미지

디지털카메라에서는 이미지 처리부인 CCD와 디지털 신호 변환 장치인 ADC(Analog to Digital Converter), 그리고 플래시 메모리와 같은 저장장치, 이렇게 세 가지가 필름의 역할을 대신한다.

필름 없이 영상이 기록되는 디지털카메라의 원리에서는 CCD가 핵심적인 역할을 한다. 빛 에너지를 전기 에너지로 바꾸는 역할을 하는 일종의 반도체인 CCD에는 카메라에 들어온 빛의 세기를 판별해 전기 신호로 바꿔 주는 광전 변환센서가 부착돼 있다. 일반적인 반도체는 전자가 지속적으로 이동하여 작동하지만 CCD의 반도체는 전류가 정지한 상태, 즉 전하 상태로 머물러 있다가 단속적으로 이동한다는 특징이 있다.

이러한 CCD는 작은 태양전지가 격자 모양으로 나열되어 있는 광센서나 다름없다. 바둑판처럼 생긴 CCD에는 수많은 광전 변환센서가 화소수만큼 붙어 있기 때문이다. 400만 화소라면 400만 개의 광전 변환센서가 붙어 있음을 의미한다. 각각의 광전 변환센서 앞에는 컬러필터가 붙어 있어서 색상을 만들어 낸다. 광전 변환 센서나 CCD는 빛의 양(명암)만 측정하므로 그대로 출력할 경우에는 흑백 사진이 된다. 그런 까닭에 렌즈와 CCD 사이에 색상 정보를 얻기 위한 컬러필터가 들어가는 것이다.

컬러필터는 빛의 삼원색인 빨강, 녹색, 파랑 중 어느 한 종류의 빛깔만을 개별 CCD에 입사시킨다. 따라서 각 색에 대응하는 3종의 컬러필터가 필요하다. 빨강 필터는 빨간색 빛만 통과시켜 그것을 광전 변환센서에 전달한다. 그러면 광전 변환센서는 빛 알갱이를 전기 신호로 바꾸는데, CCD에서는 광전 변환센서가 보낸 모든 전기 신호를 모아 사진 파일을 만든다. 이렇게 하여 얻어진 이미지는 각 픽셀당 한 종류의 색깔만을 갖게 되므로 그 상태로는 우리가 보는 색깔의 이미지로 사용할 수 없다. 그래서 보간법을 통하여 각 픽셀당 세 가지의 컬러가 조합된 자연색의 픽셀로 구성된 이미지를 얻게 된다.

> **보간법(補間法, interpolation)** : 해석학 용어. 실험이나 관측에 의하여 얻은 관측값으로부터 관측하지 않은 점에서의 값을 추정하는 경우나 로그표 등의 함수표에서 표에 없는 함수값을 구하는 등의 경우에 이용된다.

흔히 디지털카메라에서 빛을 전기 신호로 바꾸는 장치는 필름을 대체하는 CCD라고 알려져 있다. 그러나 사실 이는 정확하지 않다. 빛을 전기 신호로 변환하는 것은 CCD에 설치된 광전 변환센서이고, 이 센서가 생성한 전기 신호를 모아서 CCD에 전달하여 이미지를 처리하는 프로세서로 보내는 것이다.

CCD의 광전 변환센서에서 발생한 전기 신호는 그것을 다시 0과 1의 조합인 디지털 신호로 바꿔 주는 ADC라는 장치를 통해 메모리에 저장된다. 저장 장치의 용량은 8MB ~ 1GB가 일반적이다. 한마디로 메모리 칩이 필름 역할을 하는 셈이다. 광전 변환센서에 빛이 닿으면 순간적으로 전하가 생성되고, 입사된 빛의 양이나 세기에 따라 발생하는 전하의 양 역시 변하게 된다. 빛을 받는 동안 만들어진 전하는 저장되고, 셔터를 누르는 순간 축적된 전하의 양을 측정해 디지털 값으로 변환시킨다. 이런 방법으로 저장된 모든 화소의 값들이 모여 하나의 디지털 이미지가 만들어지는 것이다.

 찍고, 보고, 전송하기를 한번에!

'화소(畵素)'란 CCD의 화상을 형성하는 최소 단위이다. CCD는 이미지를 이루는 점(픽셀)을 표현하는 화소가 같은 범위에 몇 개 들어 있느냐에 따라 성능이 구별된다. 흔히 디지털카메라를 고를 때 몇백만 화소인가를 따지곤 하는데, 그것이 바로 이 CCD에 들어간 화소수를 의미한다. 일반적으로 같은 범위에 화소가 많을수록 해상도가 높은 이미지를 얻을 수 있지만, 화소의 집적도뿐 아니라 CCD 자체의 크기도 화질에 큰 영향을 준다. 화소수가 많으면 사진을 확대해도 깨지지 않고 본래의 이미지를 유지할 수 있다.

필름 카메라에 들어가는 필름의 크기는 한 컷당 가로 36mm, 세로 24mm이다. 이에 비해 디지털카메라에 쓰이는 CCD는 1/2인치, 2/3인치 등으로 대단히 작다. 디지털카메라의 해상도가 300만 화소라고 하는 것은 CCD의 성능을, 1/2인치니 2/3인치니 하는 것은 CCD의 크기를 말한다. 만약 1/2인치 CCD에서 최대 해상도가 2048×1536을 지원하는 디지털카메라라면 대각선 길이가 1/2(12.7mm)인치인 사각형 모양의 CCD에 가로 2,048개, 세로 1,536개의 화소가 배열돼 전체 화소수가 약 300만 개(2,048×1,536=3,145,728)라는 뜻이다.

보통 필름의 해상도는 700만~800만 화소에 해당한다고 한다. 사진을 뽑았을 때 700만 화소 이상이면 거의 품질 차이를 느끼지 못하는 것은 이 때문이다. 이 정도면 전문적인 용도로 사용하는 일반 카메라와 비교해도 손색없는 수준의 이미지 품질을 얻을 수 있다. 물론 1,000만~1,200만 이상의 화소 제품도 나와 있다.

살 때에는 최고 사양의 것을 찾지만 쓸 때에는 기본 기능만 이용하는 것이 '보통' 사람들의 '첨단' 기기 활용법이다. 디지털카메라가 보급되면서 길거리 여기저기에서 심심찮게 디지털카메라를 손에 든 사람이 눈에 띈다. '찍고, 액정 화면으로 보고, 컴퓨터로 전송하는' 기본 기능 말고도 구석구석 숨은 기능을 활용한다면 더욱 생동감 넘치는 추억 만들기가 가능할 것이다.

디지털카메라의 다양한 기능

디지털카메라는 단순히 촬영한 이미지를 디지털 형태의 파일로 저장하는 기능 말고도 다양한 부가 기능을 제공한다. 그중 하나가 촬영 상태나 조건에 따라 여러 효과를 낼 수 있다는 것이다. 예를 들면 상황에 따라 컬러 또는 흑백으로 촬영하는 것은 물론, 일종의 컬러필터 효과를 내 갈색이나 녹색 본의 사진을 촬영하거나 역상 필름을 사용해 촬영한 것과 비슷한 효과를 내는 것이 그것이다.

디지털카메라로 사진을 찍을 때에는 언제 어떤 상황에서 찍은 것인지 간단하게 음성으로 메모할 수 있다. 사진을 찍음과 동시에 사진에 대한 설명을 목소리를 통해 녹음하거나 촬영할 때의 주변 상황을 소리와 함께 저장해 두면, 기간이 한참 지난 뒤에 다시 봐도 당시 상황을 고스란히 떠올릴 수 있다.

캠코더처럼 간단한 동영상 촬영도 가능하다. 16MB 메모리를 갖춘 대부분의 디지털카메라에서는 약 10~15초 안팎의 장면을 촬영할 수 있다. 만일 인터넷에 업로드하기 위해서 등의 목적으로 굳이 좋은 화질을 고집할 필요가 없다면 수십 분까지도 촬영이 가능하다.

디지털카메라에는 일반적인 연속촬영과 멀티 연속촬영 기능도 있다. 일반 연속촬영은 셔터를 한 번 누를 때 여러 장의 사진을 1~3초 간격으로 찍는 것이고, 멀티 연속촬영은 7.5분의 1초 또는 15분의 1초 간격으로 찍는 것으로 16장 이상을 찍는 것이 가능하다. 골프의 스윙 동작이나 야외 스포츠 활동을 찍어 놓으면 자신의 동작을 분석해 볼 수 있어서 좋다.

개인적으로 촬영한 이미지를 PC에서 편집하고 수정할 수 있는 능력이 된다면 훨씬 다양하게 그것을 활용할 수 있다. 페인트샵이나 포토샵 같은 전문 그래픽 프로그램을 사용하면 여러 가지 기능을 통해 다양한 효과를 얻을 수 있다. 예를 들어 파리의 에펠탑 사진과 소풍 때 찍은 사진을 합성해 마치 한 장의 사진처럼 만드는 일은 전문가가 아니더라도 조금만 그 방법을 익히면 누구나 할 수 있다. 또한 필터 기능을 활용하면 카메라로 촬영한 사진을 마치 수채화나 유화로 그린 그림처럼 만들 수 있다. 뿐만 아니라 눈을 감은 채로 사진을 찍었다면 그래픽 소프트웨어를 이용해 눈을 뜨고 있는 사진으로 재탄생시킬 수 있다. 이런 식으로 사진을 컴퓨터의 하드디스크에 모아 편집을 하여 CD롬으로 만들면 훌륭한 가족 사진첩이 된다.

이렇게 디지털 이미지로 저장할 수 있는 것 외에도 디지털카메라의 장점에는 인화지에 인쇄한 사진을 가족이나 친구들끼리 돌려가며 보는 즐거움을 빼놓을 수는 없다. 이때 가장 쉽게 이용할 수 있는 방법이 컬러 프린터를 이용해 출력하는 것이다. 최근에는 프린터 기술이 발달해 보급형 컬러 잉크젯 프린터에서도 사진 전용 인쇄지 등을 사용하면 꽤 만족스런 품질의 사진을 얻을 수 있다. 또 인화지 크기의 사진 전용지에 사진만을 인쇄하는 디지털 포토 프린터를 이용하면, 필름을 사용해 인화하는 것만큼 좋은 품질의 사진을 얻는 것도 가능하다.

환국은 아침마다 충전기에서 휴대전화를 떼어 내 가방 안에 넣는다. 휴대전화처럼 부담 없이 카메라를 가방에 넣는 일, 그러한 일상성이 디지털카메라가 지닌 가장 큰 장점일 것이다. 사진에 관심을 가지고 그것을 취미로 배우고자 하는 사람들에게는 디지털카메라처럼 쉽게 다가설 수 있는 방법도 흔치 않을 것이기 때문이다.

21

바늘도 찾아내는 전류, 금속탐지기

패러데이의 전자기 유도 현상

- 07:10 p.m.

요란법석을 피우며 인터뷰를 마친 호세 선수는 공항 라운지 식당으로 자리를 옮겨 가는 중이다. 기자들도 그를 따라 모두 이동한다. 잠시 시끌벅적했던 B게이트 앞은 평상시의 리듬으로 돌아왔다. 그 사이 뉴욕발 인천행 KEO86편 입국자는 거의 다 빠져나간 것 같다. 전광판이 다음 뉴욕발 도착 예정 시간으로 변경된 지 꽤 오랜 시간이 흘렀기 때문이다. 그래도 환국은 그곳에서 꼼짝하지 않고 아버지를 기다린다. 입국 절차가 늦어져 뒤늦게 게이트 밖으로 나오는 경우가 종종 있기 때문이기도 하지만, 그보다는 아버지를 기다리지 않고 다른 곳으로 이동을 하려고 해도 막상 갈 곳이 마땅찮아서이다.

환국은 공항 문이 닫힐 때까지 그곳에서 무작정 기다리기로 했다. 그래야 아버지를 기다린다는 핑계거리라도 있게 되니까. 시간을 보니 다음 뉴욕발 비행기가 도착할 때까지는 여유가 좀 있다. 환국은 잠시 화장실에 들렀다가 나오면서 3층의 출국장을 둘러본다.

인천 국제공항은 공항 이용객수가 세계 랭킹 10위 안에 든, 이미 명실상부한 아시아 최대의 국제공항이다. 공항은 입국과 출국하는 사람들로 늘 북적거린다. 환국이 둘러보는 출국장은 입국장보다 꽤 넓은데도 여권과 항공권을 체크하는 사람들로 붐빈다. 탑승수속과 세관신고를 마치고 가까운 출국장으로 이동하는 사람들을 보면서 환국도 외국여행을 하고 싶다는 충동을 느낀다.

밥주걱처럼 생긴 막대기?

　외국에 나가기 위한 공항에서의 입출국 심사는 꽤 까다롭다. 세계의 공항은 하루에도 수백만 명의 사람들이 비행기를 타는 곳이고, 이들 대부분은 평범한 여행객으로 남을 해칠 의도가 전혀 없는 사람들이다. 하지만 이들 가운데 테러리스트나 범죄자가 숨어 있을 가능성은 항상 도사리고 있다. 또한 설사 남을 해칠 의도가 전혀 없다 해도 누군가가 위험한 물질을 지닌 채 항공기에 탑승할 가능성 또한 배제할 수 없다. 따라서 이것을 막기 위해서라도 탑승자는 비행기에 오르기 전 반드시 안전검색을 거쳐야 한다.

　탑승구에 가기 위해 모든 승객은 반드시 아치형의 문 하나를 통과한다. 그 문은 탑승자의 몸에 쇠붙이를 지녔는지를 판별하는 금속탐지기이다. 문을 통과하면 공항 직원이 밥주걱처럼 생긴 막대기로 온몸을 뒤진다. 혹여 깜박 잊고 주머니에 열쇠라도 넣어 두었다면 전자장치가 이를 감지하여 '삐~ 삐~' 경고음을 울린다. 금속이라면 귀신같이 찾아내는 것이다.

　금속탐지기를 만들고자 하는 시도는 19세기 말엽부터 시작되었다. 광석을 탐지하는 것을 비롯해 여러 종류의 금속탐지기가 연구되었지만, 탐지 거리가 짧고 전력 소모가 많은 등 탐지기로서의 기능을 제대로 발휘하지 못해 성공하지 못했다.

제임스 A. 가필드(James A. Garfield, 1831.11.19~1881.9.19) 미국의 제20대 대통령. 취임 4개월 만에 저격으로 숨졌다.

최초의 금속탐지기는 전화기를 발명한 미국의 그레이엄 벨이 발명했다. 벨은 1881년, 당시 미국의 대통령 제임스 가필드가 저격을 당하자 그의 몸에 박힌 총알을 찾아내기 위해 금속탐지기를 처음으로 급조했다. 하지만 대통령이 누워 있던 병원 침대의 금속제 프레임이 탐지를 방해했고, 결국 총알을 찾아내는 데 실패했다. 그러나 후에 이 금속탐지기는 지뢰탐지기로 활용되었다.

 ## 금속탐지기의 발전사

현대적인 금속탐지기는 1931년 미국의 게르하르트 피셔가 정확한 항해를 위해 무선방향탐지 장치를 개발하면서부터 모습을 드러냈다. 피셔는 금속 성분이 있는 지역에서는 전파가 방해를 받아 이 장치가 기능을 제대로 발휘할 수 없음을 깨닫고, 이것을 역으로 이용하여 금속탐지기를 제작, 1937년에 특허를 따 냈다. 금속탐지기는 이때부터 활발하게 응용되기 시작했다.

금속탐지기는 전류와 자기가 서로 연관돼 있음을 보여 주는 기계이다. 전류가 흐르는 도선 주변에는 자석 주변에서와 마찬가지로 자기장(magnetic field)이 생긴다.

1820년, 덴마크의 물리학자 외르스테드는 볼타가 만든 축전지를 이용해 전류에 대한 강의를 하고 있었다. 그러다 나침반 위에 놓여 있는 전선에 아무 생각 없이 전류를 흘렸는데, 이때 나침반의 자침이 도선과 수직 방향으로 회전하는 것을 발견했다. 처음으로 전류가 자기를 발생시킨 순간이었던 것이다.

도선에 전류를 흘릴 때 그 주위에 자기장이 생기는 이 현상을 응용하면 전류가 흐를 때만 쇠붙이를 끌어당기는 자석을 만들 수 있으니, 그것이 바로 전자석이다. 둥근 막대 위에 도선을 여러 번 감아 전류를 흘리면 자석처럼 쇠를 잡아당기는 전자석은 전류를 흘릴 때에만 자석의 성질을 갖는다.

여기서 힌트를 얻어 1831년, 영국의 물리학자 패러데이는 도선에 전류가 흐르면 자석이 되지만, 반대로 자석을 움직이면 코일에 전류가 흐르는 현상을 발견했다. 이것이 '자기장을 변화시키면 전류가 흐르게 된다'는 전자기 유도 현상으로, 발견자의 이름을 따 '패러데이의 법칙'이라고도 한다. 속이 빈 둥근 막대에 전류가 잘 흐르는 도선(구리선)을 감아 코일을 만들고, 코일 속에 막대자석을 넣었다 뺐다 하면 전류가 유도돼 흐른다. 이때 생긴 전류가 유도전류이고, 이것이 바로 발전의 원리이다. 수력발전소에서는 낙차를 이용하고 화력발전소에서는 증기기관을 이용하지만, 결국 '발전'이라는 것은 자석을 돌려서 자기장의 변화를 일으킴으로써 전류를 흐르게 하는 것이다.

외르스테드(Hans Christian Oersted, 1777.8.14~1851.3.9) 덴마크의 물리학자·화학자. 전기화학에서 전류의 물리적 연구로 방향을 바꾸어 외르스테드의 법칙을 발견했고, D. F. J. 아라고 등이 전자기학을 이루는 단서를 열었다. 자기장의 세기의 단위인 외르스테드(Oe)는 그의 이름을 딴 것이다.

금속 찾는 전류

　전류가 흐르는 길은 회로이다. 회로를 흐르는 전류의 세기의 방향이 항상 같을 때의 전류를 직류라고 한다. 건전지나 축전지에 도선을 연결했을 때 흐르는 전류가 직류이다. 그러나 가정에서 사용하는 전기는 교류 전류이다. 교류 전류는 전류의 방향이 일정한 시간마다 계속 변한다. 우리나라에서 사용하는 교류의 주파수는 60헤르츠(Hz)인데, 이것은 1초 동안에 전류의 방향이 60회 바뀜을 나타낸다.

　그런데 구리판이나 동전 같은 경우에는 구리도선처럼 전류가 흐르는 길이 정해져 있지 않아 전류가 소용돌이 모양으로 흐른다. 이 전류를 '맴돌이 전류(eddy current)'라고 부르며, 발견자인 푸코의 이름을 따서 '푸코 전류 (Foucault current)'라고도 한다. 한마디로 맴돌이 전류는 금속 안에서 제멋대로 흐르는 전류이다. 코일에 전류를 흘려 코일 주변에 자기장이 발생할 때, 전류를 높이거나 낮추면 자기장에 변화가 생겨 코일 아래 구리판에 맴돌이 전류가 흐른다.

푸코(Jean Bernard Léon Fou-cault, 1819.9.18~1868.2.11) 프랑스의 물리학자. 파동설의 최종적인 확정. 푸코 전류(맴돌이 전류)의 발견. 니콜프리즘의 일종을 제작. 반사망원경 연구, 광속도 측정 연구 등 광학 발전에 기여하였다. 진자를 사용해서 지구의 자전을 실험적으로 증명할 수 있음을 보여주었다.

　이 맴돌이 전류를 이용하여 금속을 찾는 것이 바로 금속탐지기이다. 금속탐지기는 내부에 코일을 설치하여 닫힌 전기회로로 만든 장치로, 그 내부를 들여다보면 전류가 흐르는 커다란 코일(1차 코일)

이 자리하고 있다. 그 옆에 작은 코일(2차 코일)이 수직으로 서 있는데, 이 작은 코일이 금속을 찾는 검출기 역할을 한다. 기본적으로 두 코일을 수직으로 장치하는 이유는, 한쪽의 코일에 흐르는 전류가 다른 코일에 영향을 주지 않고 오직 금속에 유도된 전류만을 감지하기 위해서이다.

1차 코일에 전류를 흘리면 N극과 S극이 계속해서 뒤바뀌는 전자석이 만들어진다. 실험 삼아 막대자석 끝에 쇠못을 1개 붙여 보자. 그 쇠못 끝에 다른 쇠못을 갖다 대면 그것 역시 달라붙는다. 처음 자석에 붙인 쇠못이 자석이 되어 두 번째의 쇠못을 끌어당기기 때문이다. 자석의 N극에 못을 갖다 대면 자석이 닿은 쪽에는 S극이 생기고, 반대쪽에는 N극이 생겨 못이 하나의 자석 구실을 하는데, 바로 이것이 전자석의 원리이다. 자기 안에 놓인 금속 물체가 이처럼 자석의 성질을 띠는 현상을 자기 유도라고 한다.

금속탐지기에 전류를 갑자기 흘리면 그 내부 코일에서 자기장이 만들어진다. 자기장이란 자기력(자석의 두 극 사이에 작용하는 힘)이 미치는 공간으로, 자기장의 방향은 자기장 내의 한 점에 놓여진 자침의 N극이 받는 힘의 방향을 말한다. 이 자기장은 주위로 퍼져가는데, 주위에 어떤 물체가 있으면 자기장의 영향을 받게 된다. 이때 금속이 있는 곳에 다다르면 자기장이 금속에 전류를 발생시킨다. 금속은 전류가 잘 흐르는 도체이기 때문이다. 이처럼 건전지가 연결돼 있지 않아도 발생하는 전류를 유도 전류라고 한다.

그런데 물질마다 자기장 속에 들어가면 반응하는 방식이 다르다.

금속에 맴돌이 전류가 흐르면 그 금속은 자기장을 만들어 낸다. 금속에는 주위의 급속한 자기장 변화에 따라 스스로 자기장을 만드는 성질이 있기 때문이다. 이때 1차 코일 옆에 있는 2차 코일은 금속이 만든 작은 자기장의 변화를 감지해 전기 신호를 보낸다. 공항의 금속탐지기에서 짧은 시간에 전류를 흘려 생긴 자기장은 보통 0.03초 후에 사라지지만, 금속탐지기에 반응한 금속은 계속 자기장을 만들기 때문에 그 신호로 금속이 있다는 것을 알게 된다.

 ## 금속탐지기도 기능별로 나뉜다?

금속탐지기의 종류는 많다. 본래 금속탐지기는 매우 낮은 저주파의 수신과 전송을 통해서 금속을 탐지한다. 그러나 공항에서 우리가 흔히 보는 요즘의 금속탐지기는 대부분 펄스 유도(pulse induction) 방식을 이용한다. 펄스란 연속적이지 않고 단속적으로 끊어지는 흐름을 말하는데, 펄스 유도 방식은 전류를 짧게 끊어 반복적으로 보내는 방식이다. 이 방식은 펄스가 한 번 시작되었다 끝날 때 금속물질이 내는 자기장을 감지한다. 그러면 금속탐지기의 1차 코일이 만들어 내는 자기장에 금속에서 발생하는 맴돌이 전류의 자기장이 메아리처럼 반응한다.

펄스 유도 방식은 금속탐지기의 한쪽 기둥에 코일을 부착해 이것을 송신기와 수신기로 사용한다. 이 코일을 흐르는 전류의 펄스는 주변에 잠시 동안 자기장을 형성하다가 펄스가 멎으면 자기장의 극이 바뀐다. 급작스럽게 펄스가 멎는 경우에는 전자 스파이크가 발생한다. 이 스파이크는 몇 마이크로초($1\mu s$는 10^{-6}초) 동안 존재하면서 반사 펄스라는 새로운 전류를 코일에 흐르게 한다. 반사 펄스는 약 $30\mu s$ 동안 지속되고 그 다음에는 다른 펄스가 보내진다. 이런 과정이 반복되면서 금속탐지기는 초당 약 100개의 펄스를 내보낸다.

이때 금속물체가 금속탐지기를 통과하면 어떻게 될까? 펄스는 금속물체 안에 반대되는 방향의 자기장을 형성한다. 펄스의 자기장이 반사 펄스를 만들어 내면서 소멸할 때 금속물체의 자기장은 반사 펄스가 완전히 사라지는 것을 지연시킨다. 메아리를 연상하면 이 과정의 이해가 쉬울 것이다. 사면의 벽이 단단한 물질로 이루어진 방에서 고함을 지르면 메아리는 아주 짤막하게만 만들어지거나 혹은 만들어지지 않을 것이다. 그러나 단단한 표면이 많은 방에서 소리를 치면 소리가 반사되어 메아리는 오래 지속된다. 펄스 유도 방식의 금속탐지기를 통과하는 금속물체가 보내는 자기장은, 그 메아리를 반사되는 펄스에 추가시켜 펄스가 길어지게 만든다.

금속탐지기의 회로는 반사 펄스의 길이를 감지, 정상적인 펄스 길이와 비교하여 그것이 정상 펄스보다 몇 μs 더 길면 금속으로 간주한다. 이런 길이의 변화를 감지하면 그 신호는 증폭돼 직류로 변환되고, 변환된 직류 신호는 오디오 장치에 연결돼 '삐' 소리를 낸다. 밥주걱처럼 생긴 막대 모양의 금속탐지기도 이와 유사한 원리를 이용한다.

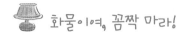

화물이여, 꼼짝 마라!

지금은 세계의 어느 공항을 가도 보안검색대가 없는 곳이 없다. 출국 수속 때 모든 승객이 문 모양으로 생긴 금속탐지기를 걸어서 통과하는 동안, 탑승객의 휴대품 가방은 엑스레이 투시기를 통과시켜 내용물을 확인받는다. 모두가 항공기의 탑승객을 국제테러리스트의 위협으로부터 보호하기 위한 조치인 것이다.

엑스레이는 빛과 같은 전자기파이지만 빛보다 활동적이어서 많은 물질을 통과한다. 공항에서 사용되는 엑스레이 투시기는 대부분 다중 에너지 엑스레이 시스템을 사용한다. 이 시스템은 140~160kVP(kilovolt peak) 정도의 엑스레이 광선을 보내는데, kVP가 높을수록 엑스레이는 멀리 침투한다.

엑스레이 투시기에 물건을 통과시키면 안에 있는 물건들이 모니터에 비친다. 엑스레이 투시기의 판독 능력은 머리카락보다 가는 철선도 읽을 수 있을 정도이다. 백 달러짜리 지폐에는 눈으로는 잘 식별되지 않는 가느다란 철선이 들어 있어 미화 반출은 꿈도 꿀 수 없다. 금속은 물론이고, 비금속, 화학액체, 탄소수지, 세라믹 등의 물품도 모두 판독되어 각기 다른 색상으로 모니터에 나타나기 때문에 기계 조작자는 가방 안의 물건을 볼 수 있다. 그러므로 단순히 '쇠붙이만 아니면 괜찮겠지'라는 생각은 버려야 한다. 전기가 통하는 물질은 모두 반응하여 어김없이 걸려들기 때문이다.

단일 항공사로는 세계 최대 규모를 자랑하는 인천국제공항의

비행기에서 내려다 본 인천국제공항

대한항공 화물터미널에는 화물 보안검색을 위한 엑스레이 설비, 보안구역 출입검색을 위한 최신의 문형 금속 및 폭발물탐지기가 설치돼 있다고 한다. 연간 135만t에서 최대 161만t의 화물을 이와 같은 탐지기들을 통해 처리해 낸다는 말을 언젠가 듣고, 환국은 그 어마어마한 처리 능력에 혀를 내두른 적이 있다. 가히 '모든 화물, 이제 꼼짝 마라!'라고 외칠 법하다.

22

빠른 길을 찾아 주는 교통안내원, 내비게이션

아인슈타인의 상대성 이론의 원리
- 08:30 p.m.

환국은 다시 아버지를 기다린다. 전광판이 8시 30분 뉴욕발 비행기가 도착했음을 알린다. 벌써 집에 도착하셨을지도 모른다는 생각과, 이곳에서 만날지도 모른다는 반반의 확률 사이에서 후자 쪽을 선택하여 기다린다. B게이트 앞에는 문을 통해 나오는 입국자가 자신과 연관 있는 사람이 아닌지 열심히 찾고 있는 사람들로 북적거린다. 얼마쯤 지났을까. 게이트 문이 열리면서 환국이 그렇게 기다리던 아버지가 등장한다. "아버지!" 하며 환국이가 손을 번쩍 드는 순간, 환국이의 맞은편에서 "여보!" 하며 어머니가 손을 흔든다. 공교롭게도 어머니 역시 아버지를 마중 나오신 것이다. 둘 다 예상치 못한 상황에 놀란 기색이 역력하다.

환국은 머리를 긁적거리다 어머니 곁에 다가와 머뭇머뭇한다. 그러나 아들을 찾은 어머니는 기뻐서 어쩔 줄 모른다.

"나이가 먹으면 먹을수록 외국 생활이 그렇게 즐겁지만은 않아. 귀국 길이 그리워지고 두근거리고 밤에 잠이 잘 안 올 정도야."라는 아버지의 출장 생활 이야기를 들으며 어머니는 운전을 한다. 밤길이라 그런지 어머니는 정해진 주행 속도보다 천천히 조심스럽게 차를 몬다. 오른쪽 깜빡이 신호를 넣으며 우회전하려 할 때, 갑자기 내비게이션에서 경고의 목소리가 흘러나온다. 안내 목소리에 깜짝 놀란 어머니가 핸들을 급하게 휙 돌린다. 길을 잘못 들어선 것이다.

빠른 길을 찾아 주는 친절한 교통안내원

몇 년 전만 해도 처음 가는 곳을 찾아가려면 운전자가 길을 헤매기 일쑤였다. 하지만 위성항법 장치(GPS)가 개발된 후부터는 어디든 거침없이 찾아갈 수 있다. 내비게이션(navigation)이라는 길잡이가 목적지를 입력하기만 하면 영상과 음성으로 길을 가르쳐 줄 뿐 아니라 막히는 길, 자신의 위치까지 알려 주기 때문이다.

내비게이션은 길을 모를 때 도로에서 시간을 낭비하는 불상사를 방지하기 위해 장착하는 길잡이로, 처음 가 보는 낯선 곳도 운전자가 위치만 지정해 주면 알아서 척척 안내한다. 출발지와 목적지 사이의 최단경로를 계산해 운전자가 이 경로를 따라 주행할 수 있도록 안내하는 것은 물론, 목적지까지의 남은 거리와 도착 예정 시간까지도 알려 주니 시간 절약과 안전 운전에 여간 요긴한 게 아니다.

한 지점으로부터 다른 목적지까지 찾아가기 위해 자신의 위치와 이동 방향을 알아내는 수단이 바로 '항법', 즉 내비게이션이다. 정확히 표현하면 위성을 이용한 전파항법 시스템인 NAVSTAR-GPS(NAVigation Signal Time and Range-Global Positioning System)이다. 자동차 내비게이션은 대개 위성항법 장치, 디지털 지도, 주행안내 시스템, 컴퓨터 장치 등으로 구성된다.

내비게이션의 기본 원리는 GPS에 있다. 위성을 통해 차량의 위치를 파악해 액정 화면의 디지털 지도에 표시해 주는 GPS는 언제 어디서라도 차량의 위치를 입체적인 화면으로 나타낸다. 지도 회전 기능이 있어서 차가 회전할 때마다 지도의 방향도 바뀌고, 음성 길 안내까지 곁들여져 굳이 화면을 보지 않고도 소리만 듣고 목적 지까지 가는 데 전혀 불편함이 없다.

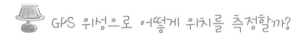

GPS 위성으로 어떻게 위치를 측정할까?

위성이 없으면 GPS도 없다. GPS는 고도 2만 km 상공에서 항상 지구를 돌고 있는 24개의 GPS 위성으로부터 1초마다 정보를 받아 자신의 현재 위치를 지도상에 표시한다. 위성들은 일정한 간격을 두고 돌고 있는데, 지구상의 어떤 위치에서도 네 대 이상의 위성이 보이도록 설계돼 있다. 지구는 평면이 아니라 입체이므로 위치 하나를 찾기 위해서는 네 대의 GPS 위성이 필요하기 때문이다.

이러한 원리는, 번개가 쳤을 때 소리가 도착할 때까지의 시간을 측정해 얼마나 먼 곳에서 번개가 발생했는지 알아내는 것과 비슷 하다. 위성이 하나만 있다면 내가 원하는 시간에 원하는 장소를 확 인할 수 없다. 예를 들어, 1월 1일 오전 7시의 서울 모습을 찍고 싶 은데 그때 위성이 미국 뉴욕 위에 있다면 서울을 촬영하는 것이 불 가능하다. 그러나 24개 위성을 한꺼번에 이용하면 세계 어느 곳이 라도 실시간으로 관측하는 일이 가능하다.

각각의 위성은 궤도 정보와 시간 정보를 개별 위성의 고유 코드 와 함께 지상으로 송출한다. GPS의 동작은 매우 정확한 시간 제어

· 원자시계 : 원자가 복사 또는 흡수하는 전자기에너지의 주기가 일정한 것을 이용하여 만든 시계.

를 필요로 하므로, 각 위성마다 원자시계가 장착되어 있다. GPS 위성이 각자 측정한 위치 정보를 보내면, GPS 위성 신호를 수신하는 안테나와 위치와 시간을 계산하는 수신기가 그 정보를 받아서 사용자의 위치를 표시해 준다. 네 대의 위성이 보낸 여러 정보를 받아서 신호를 표시하기까지는 물론 복잡한 계산이 필요하지만, 컴퓨터가 순식간에 뚝딱 처리해 준다.

기본적으로 위치 측정은 GPS 수신기의 삼각 측량법에 의해 이뤄진다. 이는 2차원에서의 삼각 측량법을 실제 환경인 3차원 공간 상에 적용한 것으로 이해하면 된다. GPS 수신기가 서로 다른 거리에 있는 세 대 이상의 위성이 보낸 정보를 이용, 정확한 시간과 거리를 측정하여 현재 위치를 계산해 내는 것이다. 그러나 실제로는 위성의 위치, 시간 오차, 대류층의 굴절이나 잡음 신호 등이 정확한 위치 산출을 하는 데 방해 요인으로 작용한다.

2차원상에서 삼각 측량법은 위치를 알고 있는 두 점을 각각 a와 b라 하고, 미지의 한 점을 x라고 했을 때 a, b의 위치, 그리고 이 두 점과 x 사이의 거리를 이용해 미지의 점 x의 위치를 구하는 방법이다. 3차원상에서는 위치를 알고 있는 세 개의 점이 필요한데, 이 점에 해당하는 것이 GPS 위성이다.

GPS 위성

 수만 년에 1초인 오차를 찾아라!

3차원 공간에서는 세 대의 위성 위치와 거리를 파악하면 사용자의 위치를 계산해 낼 수 있다. 위성과 사용자 사이의 거리는 전파가 전달되는 데 걸리는 시간에 빛의 속도를 곱하면 구할 수 있다. 그런데 전파가 전달되는 데 걸리는 시간을 측정하려면 송신 시각을 결정하는 위성의 시계와 수신 시각을 결정하는 수신기의 시계가 정확하게 일치해야 한다. 매우 작은 오차라 해도 빛의 속도(30만 km/초)를 곱하면 오차가 엄청나게 커지기 때문이다.

그러나 GPS 위성에는 수만 년에 1초의 오차를 갖는 고가의 원자시계가 탑재돼 있는 반면, GPS 수신기의 시계는 그렇게 고가의 것이 아니기 때문에 물리적인 오차를 피할 수 없다. 이 한계를 극복하기 위해 수신기는 3차원의 방정식을 계산할 미지수(x, y, z), 그리고 시간(t)까지 계산해야 한다. 결국 미지수가 4개이므로 사용자의 정확한 위치를 파악하기 위해서는 최소 네 대 이상의 위성으로부터 신호를 받아야 하는 것이다.

여러 위성에서 오는 신호의 시간차를 이용해 위치를 측정하는 GPS 수신기가 시간을 정확히 맞추기 위해 이용하는 원리는 놀랍게도 아인슈타인의 상대성 이론이다. GPS 수신기가 자동차의 위치를 운전자에게 알려 주고 목표 지점까지 어떻게 가야 하는지를 안내하려면, GPS 위성의 시계가 지구상의 시계와 일치해야 한다. 그러나 위성의 속도가 너무 빠르기 때문에 상대성 이론의 영향을 받는다. 특수상대성 이론에 따르면 빠르게 이동하는 물체 안에서는 시간이 느려진다. 따라서 시속 1만 4천 km라는 아주 빠른 속도로 지구 주위를 도는 GPS 위성 안의 시간은 느리게 간다. GPS 위성에서는 하루에 7ms(1ms=1,000분의 1초)씩 시간이 느려진다.

 고마운 아인슈타인의 일반상대성의 원리

더 큰 문제는 중력이다. GPS 위성은 고도 2만 km 높이에 떠 있기 때문에 중력이 지상에 비하여 약하다. 아인슈타인의 일반상대성 이론에 따르면 중력이 약한 곳에서는 시간이 빨리 간다. 이 때문에 이번에는 GPS 위성시계가 지표면보다 더 빨리 가서 하루에 45ms나 더 빨라진다. 이 두 가지 효과를 모두 생각하면, 위성에 있는 원자시계는 지표면보다 하루에 38ms나 빨리 가는 셈이다.

아인슈타인(Albert Einstein, 1879. 3.14~1955.4.18) 미국의 이론물리학자. 광양자설, 브라운 운동의 이론, 특수상대성 이론을 연구하여 1905년 발표하였으며, 1916년 일반상대성 이론을 발표하였다. 미국의 원자폭탄 연구인 맨해튼 계획의 시초를 이루었으며, 통일장이론을 더욱 발전시켰다.

만일 하루 종일 그 차이를 무시하고 내버려 둔다면 38ms 사이에 전파는 약 11km나 진행돼, 11km의 위치 오차가 생겨 내비게이션은 아무 쓸모가 없어진다. 그러나 상대성 원리를 이용, GPS 수신기가 매일 그 시간만큼의 오차를 바로잡아 주기 때문에 지상에서의 위치를 정확하게 추적할 수 있는 것이다.

본래 GPS 위성은 미국 국방부가 미사일을 목표 지점에 정확히 맞추기 위해 군사용으로 개발했다가, 1983년 대한항공 여객기가 사할린 상공에서 피격되는 사건을 계기로 민간 사용이 허용되기 시작했다. 자동차만이 GPS의 혜택을 받는 건 아니다. 미사일이 목표 건물에 정확히 명중하는 것도 GPS를 이용해 미사일을 원격 조정하기 때문이다. 배 역시 GPS의 도움을 받아 목적지까지 빠르고 정확하게 이동한다. 항만에 산더미처럼 쌓여 있는 컨테이너를 겉에서 보고 그 안에 뭐가 들어 있는지 확인하기는 힘들지만, 이 또한 GPS의 힘을 이용하면 각 컨테이너 안에 들어 있는 물건의 정보를 알아낼 수 있다. 이 시스템은 실제로 호주에서 사용되고 있다.

우리나라의 도로망은 매우 복잡하다. 얼마나 복잡하면 세계적으로도 우리의 디지털 지도가 유난히 세밀하다는 정평이 나 있을 정도일까. 그럼에도 불구하고 운전을 하다 보면 내비게이션의 안내 멘트와 실제 도로가 조금 나른 경우가 나타난다. 조금만 달라도 참지 못하는 게 우리나라의 내비게이션 사용자이다. 이들은 좁은 골목길의 과속방지턱까지 디지털 지도에 나오길 요구할 정도로 깐깐하다. 이렇게 까다로운 지적은 실제로 디지털 지도 업그레이드에 반영되어 오류를 바로잡는 데 한몫 한다. 환국의 어머니도 그중의 한 사람이다.

23

푸른색으로 바뀌는 빛의 원리, 음주측정기

아인슈타인의 광양자설의 원리

– 10:30 p.m.

내비게이션의 안내를 받으며 공항 길을 벗어나 시내 쪽으로 들어서니, 천천히 차량을 세우며 음주단속을 하는 경찰관의 모습이 눈에 들어온다. 전혀 신기한 일이 아님에도 어머니가 운전석에 있었기에 환국은 아버지가 운전할 때와 다른 느낌을 받는다.

환국의 가족이 탄 승용차가 음속단속 차례에 들어설 즈음, 이상한 광경이 목격된다. 40대의 남자로 보이는 바로 옆 차의 운전자가, 차의 앞 창문을 열어 어깨를 걸고 땀을 뻘뻘 흘리며 자기의 차를 밀고 가는 것이었다. "도대체 뭐하는 거냐."고 경찰관이 물으니, 자신은 술을 마셔 음주운전으로 처벌받기 때문에 차를 밀고 간단다. 그러면서 덧붙이는 말이 "술 먹고 차 밀고 가는 것도 걸립니까." 한다. 정말로 웃지 못할 광경이다. 아버지는 혀를 끌끌 차며 참 불쌍한 인생이라는 표정을 짓는다. 마침내 환국이네 차례가 되어 경찰관이 내미는 음주단속기에 어머니가 후후 숨을 내쉰다. 당연히 무사통과다.

술이 우리 몸에 흡수되기까지의 과정

술 마시고 운전하는 행위는 살인행위에 버금간다. 자신은 물론 타인의 생명까지도 위협하는 행위이기 때문이다. 그런데도 음주 운전은 끊이지 않는다. 오늘도 여전히 사람들은 그날의 기분과 행동을 전환시키기 위한 방편으로 자연스럽게 술을 권하고 마신다. 술을 마시는 것에 그치면 그마나 다행이지만, 간혹 인사불성의 음주 상태로 운전까지 하는 아찔한 상황까지 이르기도 한다.

술 술의 기원에 대해서는 심산(深山)의 원숭이가 빚은 술이 곧잘 예화로 등장한다. 나뭇가지가 갈라진 곳이나 바위가 움푹 팬 곳에 저장해 둔 과실이 우발적으로 발효한 것을 먹어 본 결과 맛이 좋았으므로 의식적으로 만들었을 것이라는 설이다. 과실이나 벌꿀과 같은 당분을 함유하는 액체는 공기 중에서 효모가 들어가 자연적으로 발효하여 알코올을 함유하는 액체가 된다.

사람이 술을 마시면 알코올은 소화기의 점막을 통해 혈액 속으로 흡수된다. 술에 포함된 알코올의 20% 정도는 식도와 위에서, 나머지 80% 정도는 소장에서 흡수된다. 알코올은 다른 영양소와 달리 소화과정을 거치지 않고 바로 소화관에서 흡수되기 때문에 다른 영양소에 비해 흡수 속도가 빠르다. 술을 마시기 시작한 지 2분 정도가 지나면 알코올은 혈액으로 흡수된다. 위 안에 음식물이 없으면 흡수 속도가 빨라지는데, 빈속에 술을 먹을 때 빨리 취하는 것은 이 때문이다. 알코올의 흡수 속도는 알코올 농도가 약 20% 정도일 때 가장 빠르다.

혈액으로 흡수된 알코올의 90%는 간의 해독 작용에 의해 아세트알데히드, 아세트산을 거쳐 이산화탄소와 물로 분해된다. 한편 간에서 분해되지 않은 알코올의 10%는 일부가 지방으로 합성돼

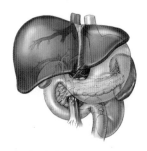

간 간은 인체에서 가장 큰 선(gland)으로 무게는 약 1~1.5kg이고, 오른쪽 횡격막 아래의 복부에 위치하여 늑골의 보호를 받고 있다. 탄수화물, 단백질, 핵산, 알코올의 대사로부터 암모니아를 요소로 바꾸고, 쓸개즙을 생산하고 영양소를 저장하고 해독 작용을 하며 배설 및 방어 작용을 한다. 순환 혈액량의 조절과 물, 전해질 대사 기능 외에도 혈액응고인자의 생성에 이르기까지 수없이 많은 기능들을 담당하고 있는 간은 인체의 화학공장이라고 할 수 있다.

축적되고, 일부는 땀·소변·호흡 등을 통해 몸 밖으로 배출된다. 폐로 들이마신 공기는 폐동맥을 지나는 혈액과 평형을 이루는데, 이때 혈액 속의 알코올 일부는 공기와 섞여 호흡할 때 몸 밖으로 나온다. '혈중알코올 농도'라는 표현을 쓰는 이유는 이 때문이다. 음주측정기는 호흡 속에 있는 이 알코올 농도를 측정한다. 음주측정기에 길게 숨을 내뱉으면 호흡 속의 알코올 가스가 측정돼, 혈액 속의 알코올 농도를 간접적으로 계산하는 것이다.

음주측정기가 혈중알코올의 양을 알아내는 원리는 간단하다. 음주측정기는 강한 산화제인 적황색의 중크롬산칼륨($K_2Cr_2O_7$)을 황산(H_2SO_4)에 녹인 다음, 실리카겔이나 규조토에 적셔서 말린 것을 유리관에 넣어 만든다. 음주측정은 일반적으로 이 중크롬산칼륨과 황산 용액을 이용하여 이루어진다.

 어떻게 내가 마신 술의 양을 알아내지?

유리관을 통해 들어온 날숨 속의 알코올이 음주측정기 속 산화제인 적황색 중크롬산칼륨과 접촉하면 아세트산으로 산화되면서, 중크롬산칼륨을 녹색의 황산크롬[$Cr(SO_4)_3$]으로 환원시킨다. 녹색으로 바뀌는 정도는 알코올의 양에 따라 다른데, 이때 녹색의 농도를 측정하면 혈중알코올 농도를 계산할 수 있다. 음주측정기에 붙어 있는 분광계로 분석하면 ppm 단위, 즉 100만 분의 1 농도까지의 측정이 가능하다. 요즘의 분광학적 장치는 누구든지 혈중알코올 농도를 읽을 수 있도록 계기판에 숫자로 보여 준다.

그러나 이 반응을 이용하는 음주측정기는 다음 번 측정을 위해서 녹색인 황산크롬을 다시 적황색의 중크롬산칼륨으로 바꿔 주어야 하는 불편함이 따른다. 그래서 최근의 음주측정기는 전자식 방법을 이용하여 알코올만 선택적으로 산화시켜 여기에 흐르는 전류량을 측정하거나, 알코올이 흡수하는 적외선의 양을 측정하여 알코올의 농도를 알아내는 방법을 이용한다.

전자식 음주측정기는 일종의 '알코올 가스 센서'로, 튜브로 불어넣은 날숨의 알코올이 연소되면서 발생하는 전류의 세기를 측정하는 방식이다. 음주측정기에는 알코올과 만나면 푸른색을 띠는 특별한 가스가 들어 있어 전류의 세기를 측정할 수 있다. 텔레비전 리모컨 크기의 전자식 음주측정기 안에는 연료전지와 백금 전극이 달려 있다. 튜브로 숨을 내쉴 때 숨 속에 들어 있던 알코올 분자가 백금 전극의 양(+)극에 달라붙으면 아세트산으로 산화하면서 알코올이 전극에 전자를 하나 주고, 이 전자가 음극(−)으로 이동하면서 디스크에서 전류가 발생해 음극판으로 전류가 흐른다. 내쉬는 숨 속에 알코올 분자가 많으면 내부 가스가 푸른색으로 변하면서 그만큼 전자를 많이 주게 되어 결국 전류의 세기가 커진다. 즉, 이 전류의 세기를 측정하면 혈중알코올 농도가 나오는 것이다. 만약 이 측정기에서 빨간 불이 켜진다면 허용 농도를 초과한 경우이므로 법적인 제재를 받게 된다.

광전 효과 : 금속 등의 물질에 일정한 진동수 이상의 빛을 비추었을 때 물질의 표면에서 전자가 튀어나오는 현상.

술을 많이 마신 사람이 음주측정기를 불 때 내부 가스가 푸른색으로 변하는 것에는 아인슈타인의 광전 효과의 원리가 숨어 있다. 푸른 가스는 빛을 쬐면 더 높은 에너지의 전자를 내보낸다. 아인슈타인은 빛이 여러 종류의 에너지를 가진 알갱이(광양자)로 이뤄졌다고 하였는데, 그 중 푸른빛의 광양자는 에너지가 높아 금속에 빛을 쬐면 금속 내의 전자를 튀어나오게 한다. 즉, 전기를 발생시키는 것이다. 음주측정기는 이 신호를 감지해 운전자가 술을 마셨는지 아닌지를 판가름하게 된다.

혈중알코올 농도의 수치

사람은 혈중알코올 농도에 따라 심신의 상태가 달라진다. 혈중알코올 농도는 혈액 100ml 속에 몇 mg의 알코올이 포함되어 있는가를 % 단위로 나타낸 것이다. 우리나라 음주운전의 단속 기준은 혈중알코올 농도 0.05%이다. 혈중알코올 농도가 0.02% 정도일 때에는 기분이 좋아지고 몸도 따뜻하게 느껴지지만, 0.05%가 되면 행동이 느려지고 주의력이 떨어지기 시작한다. 자극에 대한 반응이 느려지는 혈중알코올 농도 0.05% 이상의 수치를 음주 운전의 단속 기준으로 삼는 것은 이 때문이다. 소주 두 잔을 마셨다면 이 기준 근처에 도달한다.

만약 체중 70kg인 남자가 알코올 함량이 4.5%인 맥주를 1,000ml 마셨다면 공식에 의해 $(4.5 \times 1000 \times 0.8) \div (70 \times 1000 \times 0.6) = 0.086(\%)$이라는 혈중알코올 농도가 나온다. 여기서 0.8은 용질인 에탄올의 밀도를 의미한다. 술에 들어 있는 알코올은 주로 발효 과정에서 만들어진 에탄올(C_2H_5OH)이다. 이 상태에서 운전을 하다 사고를 내면 100일간 면허가 정지된다. 0.15~0.25%(소주 2병)의 알코올을 섭취한 상태에서는 발걸음이 비틀거리고 혀가 꼬부라져 말이 잘 안 나온다. 0.25%(소주 2병) 이상의 농도에서는 서 있기가 힘들고 정신을 잃을 정도가 되며, 0.4~0.5%(소주 4병)를 넘으면 보호반사 기능을 상실하고 심하면 호흡중추가 마비돼 사망에 이른다.

음주측정기는 호흡 속에 있는 알코올 농도를 측정하는 것이지만 법적 구속력과 관계있는 것은 혈중알코올 농도이다. 즉, 내쉰 숨 속의 알코올 농도를 측정, 그것을 이용하여 간접적으로 혈중알코올 농도를 계산하는 것이다. 이때 둘 사이의 관계는 분배계수로 나타낸다. 국내에서는 1:2100이라는 분배계수를 사용한다. 이는 내쉰 숨 속에 알코올 분자가 1개 있으면 혈액 속에는 2,100개가 있다는 것을 의미한다.

알코올이 몸에서 분해되는 시간은 생각보다 오

> **분배계수** : 서로 섞이지 않는 두 액체가 분리된 두 액체 층을 이루며 접해 있을 때, 두 층에 모두 녹을 수 있는 용질을 넣으면 이 용질은 두 층에 녹아들어가 평형을 이루며 분배된다. 이때 두 액체(용매) a, b에 있는 용질 M의 hd도를 Ca, Cb라 할 때 Cb/Ca를 분배계수라 한다.

래 걸린다. 학계의 연구에 의하면, 혈중알코올 농도는 시간당 평균 0.015% 정도씩 내려간다. 따라서 마신 알코올의 양을 알면 알코올이 몸에서 모두 분해되는 데 걸리는 시간을 추정할 수 있다. 술을 마시고 운전할 수 있는 0.05% 이하의 농도에 이르기까지 걸리는 시간을 계산하는 공식은 '마신 술의 양(ml)×술의 알코올 농도(%)×체중(kg)×0.067(상수)'이다. 예를 들어 체중 70kg인 사람이 맥주 1,000ml를 마셨다면 적어도 2시간 반이 지나야 혈중알코올 농도가 처벌 기준인 0.05% 밑으로 내려간다. 그러나 요즘에는 처벌 기준이 0.03%로 강화되었다.

음주측정기를 속일 수 있을까?

술을 마시고 운전하는 사람의 경우, 음주 단속을 피하기 위해 주변에서 들은 여러 방법을 시도해 본다. 구강청정제로 입 안 헹구기, 초콜릿 먹기, 껌 씹기 등이 대표적인 방법들인데, 사실 이것은 모두 잘못 알려진 상식이다. 특히 술을 마신 뒤에 구강청정제로 입안을 헹구면 음주 단속에 걸릴 가능성이 더 높아진다. 구강청정제에는 변형된 알코올 성분이 들어 있는데, 그 농도가 20~30%에 이른다. 즉, 소주보다 더 높은 것이다. 따라서 구강청정제를 사용하고 음주측정기를 불면 치사량에 가까운 혈중알코올 농도 수치가 나오니, 음주측정기를 속이려다 오히려 더 심하게 걸릴 수 있다는 것을 알아야 한다.

초콜릿을 많이 먹으면 입에서 술 냄새가 나지 않기 때문에 음주 측정기를 속일 수 있다는 생각도 착각이다. 단순히 입에서 나는 냄새만을 감춘다고 혈중알코올 농도가 감소하는 것은 아니기 때문이다. 술 냄새가 나지 않아도 음주측정기를 4~5초 동안 불면 폐 속에 있는 알코올 농도가 측정된다. 술을 마셨을 때 나타나는 술기운은 사람마다 달라 얼굴색으로는 그 사람의 혈중알코올 농도를 알수 없다. 하지만 음주측정기의 산화 - 환원 반응에 따른 색깔변화까지 속일 수는 없다.

현대 사회에서 자동차는 단순한 교통수단이 아니라 집 다음으로 중요한 생활 공간이다. 때문에 과거에는 상상할 수 없었던 기발한 편의장치가 속속 등장하고 있다. 예를 들어, 볼보 All New S80이라는 차에는 안전벨트에 소형 음주측정기가 달려 있어서 운전자가 음주 후 운전을 하려 할 때에는 시동이 걸리지 않도록 하는 안전장치가 장착돼 있다. 그만큼 우리는 첨단 시대를 살고 있는 것이다.

그러나 환국은 제아무리 뛰어난 발명품이라도 과학기술의 힘으로는 음주 운전을 없애기 어렵다고 생각한다. 음주 운전과의 단절은 '술 마시면 운전하지 않는 습관'이 있어야만 가능할 뿐이기 때문이다.

24

사고의 전환이 만든 열쇠의 혁명, 디지털 도어록

피뢰침의 원리와 플로팅 기술

– 12:00 a.m.

············ ◆ ············

　어느새 자동차는 환국이 사는 아파트 단지 앞에 도착했다. 지상 출구 앞에 이르자 차단봉이 저절로 올라간다. 관리요원이 따로 없지만 아파트 주민을 척척 알아보는 스마트 주차통제 시스템 덕분이다. 세 식구가 함께 집으로 들어가기는 참 오랜만이다.

　현관 앞에 도착해서 비밀번호를 누르자 삐리릭 신호음과 함께 문이 찰칵 하며 열린다. 요즘은 열쇠를 사용하는 집이 매우 드물다. 많이 변한 세상이다. 이것은 RFID(Radio Frequency Identification의 약자, 자동인식 기술의 한 종류) 덕분이다. 집에 도착한 어머니는 환국과 남편을 번갈아 바라보며 화사하게 웃는다. 덩달아 환국도 환하게 웃는다. 집 안은 환국이 심사가 뒤틀려 나갔을 때와 조금도 달라진 게 없다. 그러나 그 온기만큼은 어떤 것과도 비교할 수 없을 만큼 따뜻하다.

사고의 전환이 가져온 열쇠의 혁명

사람들이 언제 어디서나 가장 걱정하는 것은 '내 집의 안전', 즉 문단속이다.

예전에 사립문 안에 살 때는 문에 작대기를 걸어 놓는 것만으로도 충분했고, 대문간 누렁이를 단단히 타이르는 것만으로도 안심이 됐다. 그러나 탄탄하고 든든한 철문 안에 살게 된 요즘, 우리는 오히려 더욱 철통같은 수비를 필요로 한다. 간단한 자물쇠 하나만 믿고 며칠 동안 집을 비우기에는 왠지 꺼림칙하다. 그래서 첨단 기법으로 무장한 최신형 자물쇠로 현관문을 '업그레이드'하기 시작했으니, 이것이 이른바 '디지털 도어록'의 등장이다. 이 똑똑한 전자식 자물쇠는 문을 닫기만 해도 저절로 잠기고, 키를 갖다 대기만 해도 문을 열어 준다. 그러니 문을 열기 위해 따로 열쇠를 가지고 다닐 필요가 없다.

사실 도어록을 디지털화한 것이 디지털 도어록이라고 생각하면 그다지 새로울 게 없다. 아날로그 시계도 있고 전자 시계도 있는 것처럼, 어떻게 보면 단순히 방식의 차이라고도 할 수 있기 때문이다. 하지만 이러한 조그만 차이가 열쇠라는 잠금 장치의 오랜 역사를 뒤바꾸는 패러다임의 변화를 낳았다. 이전까지는 '디지털 열쇠'라는 것을 그 누구도 생각하지 못했기 때문이다. 그리고 이러한 사고의 전환이 현재 우리 삶을 매우 윤택하게 만들어 주고 있는 것도 사실이다.

도어록이란, 말 그대로 도어(문)를 열고 잠그는 기계적 장치이다. 디지털 도어록이란 기존의 열쇠 대신 전자제어 시스템에 의한 비밀번호나 반도체칩, 스마트카드, 지문 등 디지털화한 정보를 열쇠로 활용하는 첨단 잠금 장치를 의미한다. 이러한 디지털 도어록은 설치 후 사용자가 직접 비밀번호를 등록하거나 세팅을 한다.

 ## 다양한 종류의 디지털 자물쇠

디지털 자물쇠 가운데 가장 보편적인 형태는 열쇠 없이 문을 열고 닫을 수 있는 디지털 번호키이다. 디지털 번호키는 메모리 방식으로, 비밀번호나 칩 코드 등을 미리 저장해 놓았다가 번호나 코드 등이 맞으면 전기 신호를 보내서 문을 열게 한다. 비밀번호는 보통 4~12자리까지 설정할 수 있는데, 잘못된 비밀번호를 일정 횟수 이상 누를 경우에는 경보음이 울리면서 전원이 차단된다. 호텔 객실처럼 문을 닫으면 자동으로 잠그는 기능은 기본이다.

집 안에 가족들이 있을 때에는 외부에서 비밀번호로 문을 열 수 없도록 내부 강제잠금 기능을 설정해 놓는다. 이 기능은 내부에 사람이 모두 들어온 경우 이용한다. 혹시 비밀번호가 노출되었다 해도 내부 강제잠금을 해 놓으면 밖에서 정상적으로 문을 열 수 없으므로, 가령 남편이 출장을 가고 부인과 아이들만 집에 있는 상황이라면 내부 강제잠금을 설정해 놓는 것이 좋다.

반도체가 내장된 열쇠도 대중화되었다. 열쇠에 반도체 칩이 내장되어, 열쇠를 대면 열쇠 속의 반도체 회로와 자물쇠 본체가 반응해 암호를 읽고 문을 연다. 일반적으로 도어록은 입력된 키의 암호가 미리 설정된 암호와 일치해야 하는데, 반도체 도어록 중에는 암호가 자동으로 변경되는 플로팅(floating) 기술을 도입, 암호가 계속 바뀌어도 인식이 가능한 것도 있다. 플로팅 기술은 키와 인증장치가 서로 접속할 때마다, 즉 도어록에 키를 댈 때마다 매번 암호를 바꾸는 것이다. 예를 들어 암호가 9re8r6e라 하면, 키를 댈 때에는 3o34i56이라는 식으로 변하게 된다. 이러한 플로팅 기술을 사용한 도어록은 281조×42억의 확률로 암호를 자동 변경하기 때문에 사실상 타인이 암호를 추정하는 것은 불가능하고, 때문에 동일키가 나올 확률은 3회에 걸쳐 연속으로 로또복권 1등에 당첨될 확률의 2,000배 정도로 희박하다.

반도체 도어록인 게이트맨의 경우, 전류가 회로로 들어가는 것을 원칙적으로 차단하는 안티쇼크 시스템(Anti Shock System)을 이용한다. 이는 피뢰침의 원리를 응용한 것으로, 전기충격기의 강한 전기충격(3만 볼트 이상)에도 매우 안전하다. 강제로 물리적 충격을 가해 제품을 파손하거나 문틈을 벌려 침입을 시도할 경우에는 자동경보 장치가 경보음을 울린다. 또한 틀린 비밀번호를 5회 연속 입력한 경우에도 방범 시스템에 의해 5분간 모든 동작이 정지된다.

피뢰침: 끝이 뾰족한 금속제의 막대기로 천둥 번개와 벼락으로 인하여 생기는 건물의 화재·파손 및 인명 피해를 방지하기 위해 설치한다. 낙뢰(落雷)에 의한 충격 전류를 땅으로 안전하게 흘려 보냄으로써 피해를 줄일 수 있으며, 주로 가옥의 굴뚝이나 건물의 옥상 등에 세운다. 피뢰주라고도 한다.

 손가락 하나로 철문을 열다

디지털 도어록은 디지털 제품인 만큼 사용이 편리한 대신 고온에 약하다는 단점이 있다. 이를 위해 화재감지 센서가 항상 온도를 감지한다. 화재가 발생하여 센서에서 감지된 온도가 55℃ 이상이면 경보음이 울리는 동시에 자동으로 잠금 장치를 해제함으로써 안에 있는 사람들이 문을 쉽게 열고 밖으로 나가게 하는 것이다.

교통카드나 신용카드를 열쇠로 이용하는 디지털 도어록도 인기다. 이는 복제가 불가능한 교통카드를 인식 부분에 대면 문이 열리는 방식이다. 카드가 없을 경우엔 비밀번호를 누르면 되기 때문에 여간 간편한 게 아니다. 도어록은 수시로 사용하는 '가전제품'이므로 자신과 가족의 생활습관을 고려하여 가장 편리한 인증 방식을 선택하게 되는데, 그런 의미에서 카드형 인증 방식은 교통카드를 자주 사용하는 사람들에게 권장된다. 지하철이나 버스 요금을 결제하듯, 교통카드를 갖다 대기만 하면 그만이기 때문이다.

가장 보안성이 뛰어난 디지털 자물쇠는 지문인식 방식의 도어록이다. 지문인식 도어록은 미리 등록한 사람의 지문을 인식해 문의 잠금을 여는 장치로, 0.1초 만에 지문을 인식한다. 사용자가 등록한 지문은 스캔을 통해서 저장된다. 저장된 스캔 지문과 문을 열려는 사람이 입력한 지문이 일치하면 전기 신호를 보내 모터를 작동시켜 문을 열어 준다. 살갗에 이물질이 묻어도 인식이 가능하다. 이러한 지문인식 도어록은 열쇠 분실이나 비밀번호 노출을 꺼리는

사람들에게 좋다. 열쇠를 깜박 잊고 발을 동동 구르는 난처한 상황
을 겪을 가능성이 전혀 없기 때문이다.

 도둑 잡는 디지털 도어록

디지털 도어록의 암호 설정은 전자기술이다. 이는 다른 말로 약
(弱)전기를 이용한다는 것을 의미한다. 따라서 강력한 전기충격(정
전기, 전기충격기, 스파크) 등이 전달되면, 디지털 전기 부분과 논리
회로 부분이 파손돼 오작동을 일으킬 확률이 높다. 실제로 디지털
도어록에 최대 3만 볼트의 고전압을 가해 잠금 장치를 풀어 내는
절도범들이 늘고 있는 것을 보면, 아무리 디지털 도어록을 설치했
다 해도 방심은 금물이다.

보통 도둑은 현관보다 창문으로 침입하는 경우가 많고, 나갈 때
는 현관문으로 도망가는 것이 일반적이다. 이때 외부잠금 기능이
설정돼 있으면 안에서 열림 버튼이 작동하지 않아 도둑이 도망치
는 데 걸리는 시간을 지연시킬 수 있다. 또한 외부잠금 기능이 설
정된 상태에서는 수동으로 문을 열고 나가더라도 80데시벨의 경보
음이 울리기 때문에 이 또한 효과적이다. 그러나 아무리 철저하게
보안 장치를 설치하더라도 좀도둑을 잡기란 그리 쉽지 않다. 경기
가 좋아져 좀도둑이 줄어든다면 그보다 좋은 방법은 없을 것이다.

우리의 생활은 도어록에서 출발하여 도어록에서 마무리된다.

그 도어록이 설치된 공간 안에 내 가족의 문화가 있고 내 가족의 삶이 있다. 그러나 그보다 소중한 것은 내 가족의 삶을 지키려는 마음의 도어록이 아닐까.

 불확실한 미래를 예측하는 가장 좋은 방법은 그것을 발명하는 것

미래를 예측하는 것은 매우 어렵고 위험하다. 하지만 지금까지 이 책에서 언급한 기술들은 머지않은 장래에 한층 업그레이드된 모습으로 나타날 것이다. "불확실한 미래를 예측하는 가장 좋은 방법은 그것을 발명하는 것"이라는 전산과학자 앨런 케이의 말처럼, 인간은 분명 지금의 기술보다 훨씬 뛰어난 기술을 발명할 것이기 때문이다. 미래의 가정에서는 집 안에 있는 모든 사물들에 고유의 컴퓨터 칩과 센서가 탑재될 것이다. 특히 몸에 착용하도록 설계된 입는 컴퓨터, 일명 웨어러블 컴퓨터는 인간의 몸과 컴퓨터를 일체화함으로써 유비쿼터스 공간 속에서의 삶을 더욱 윤택하게 해 줄 것이다. 그날을 기대해 보자.

웨어러블 컴퓨터(wearable computer) 옷을 입듯이 몸에 착용할 수 있는 특수 컴퓨터. 미국 등 선진국에서 주로 군대용으로 사용되는 컴퓨터이다. 옷처럼 입을 수 있다고 해서 '착용식 컴퓨터'라고도 한다. 1968년 개발된 HMD(head-mounted display)에서 비롯되었다. HMD란 안경이나 헬멧의 형태로 작은 디스플레이 장치를 내장하여 눈앞에 스크린이 펼쳐지는 기기이다.

환국은 긴 하루였던 오늘을 간단하게나마 기록으로 남겨야겠다고 생각하고 컴퓨터의 전원을 켠다. 부팅이 다 되고 정상적으로 모니터 화면이 켜지자 난데없이 한 줄의 메시지가 떠오른다. "littlegiant님으로부터 편지가 도착했습니다."

환국은 갑자기 숨이 막힌다. littlegiant는 어머니의 ID이기 때문이다. 그는 급히 클릭을 한다. "사랑한다, 아들아!" 단 한 줄의 편지이다. 그 안에 많은 것을 담고 있는 편지를 읽으며 환국은 눈물을 글썽인다.

환국은 가지런히 옷을 벗고 침대에 눕는다. 그리고 얼굴까지 이불을 폭 뒤집어쓴다. 자정을 알리는 시계 소리가 고요 속에 둥둥 울려 퍼진다.

참고문헌

디스플레이뱅크, "TFT LCD 모니터의 구동원리"

http://www.displaybank.com

박경세, "디지털 멀티미디어 방송 기술 및 서비스", 커뮤니케이션북스,
　　　2003년 10월

이근형, "홈시어터 구성원리", 디지털타임스, 2006년 1월 27일

홍대길, "생활 속의 반도체 마이컴", 과학동아, 1998년 10월호

곽수진, "ATM무인은행현금자동입출금기", 과학동아, 1997년 4월호

과학에 둘러싸인 하루

펴낸날	초판 1쇄 2008년 1월 8일
	초판 14쇄 2024년 2월 6일

지은이	김형자
펴낸이	심만수
펴낸곳	(주)살림출판사
출판등록	1989년 11월 1일 제9-210호

주소	경기도 파주시 광인사길 30
전화	031-955-1350 팩스 031-624-1356
홈페이지	http://www.sallimbooks.com
이메일	book@sallimbooks.com

ISBN   978-89-522-0780-7   43400
살림Friends는 (주)살림출판사의 청소년 브랜드입니다.

※ 값은 뒤표지에 있습니다.
※ 잘못 만들어진 책은 구입하신 서점에서 바꾸어 드립니다.